세상에서 가장 쉬운 과학 수업

일반상대성이론

세상에서 가장 쉬운 과학 수업
일반상대성이론
ⓒ 정완상, 2024

초판 1쇄 인쇄 2024년 11월 11일
초판 1쇄 발행 2024년 11월 20일

지은이 정완상
펴낸이 이성림
펴낸곳 성림북스

책임편집 최윤정
디자인 쏘울기획

출판등록 2014년 9월 3일 제25100-2014-000054호
주소 서울시 은평구 연서로3길 12-8, 502
대표전화 02-356-5762
팩스 02-356-5769
이메일 sunglimonebooks@naver.com

ISBN 979-11-93357-39-2   03400

노벨상 수상자들의 **오리지널 논문**으로 배우는 과학

세상에서 가장 쉬운 과학 수업

일반상대성이론

정완상 지음

리만 기하학부터 블랙홀 물리학까지
우주의 모든 것을 설명하는 아인슈타인 방정식 파헤치기

성림원북스

CONTENTS

과학을 처음 공부할 때 이런 책이 있었다면 얼마나 좋았을까

남순건(경희대학교 이과대학 물리학과 교수 및 전 부총장)

21세기를 20여 년 지낸 이 시점에서 세상은 또 엄청난 변화를 맞이하리라는 생각이 듭니다. 100년 전 찾아왔던 양자역학은 반도체, 레이저 등을 위시하여 나노의 세계를 인간이 이해하도록 하였고, 120년 전 아인슈타인에 의해 밝혀진 시간과 공간의 원리인 상대성이론은 이 광대한 우주가 어떤 모습으로 만들어져 왔고 앞으로 어떻게 진화할 것인가를 알게 해주었습니다. 게다가 우리가 사용하는 모든 에너지의 근원인 태양에너지를 핵융합을 통해 지구상에서 구현하려는 노력도 상대론에서 나오는 그 유명한 질량-에너지 공식이 있기에 조만간 성과가 있을 것이라 기대하게 되었습니다.

앞으로 올 22세기에는 어떤 세상이 될지 매우 궁금합니다. 특히 인공지능의 한계가 과연 무엇일지, 또한 생로병사와 관련된 생명의 신비가 밝혀져 인간 사회를 어떻게 바꿀지, 우주에서는 어떤 신비로움이 기다리고 있는지, 우리는 불확실성이 가득한 미래를 향해 달려가고 있습니다. 이러한 불확실한 미래를 들여다보는 유리구슬의 역할을 하는 것이 바로 과학적 원리들입니다.

지난 백여 년간의 과학에서의 엄청난 발전들은 세상의 원리를 꿰뚫어보았던 과학자들의 통찰을 통해 우리에게 알려졌습니다. 이런 과학 발전을 가능하게 한 영웅들의 생생한 숨결을 직접 느끼려면 그들이 썼던 논문들을 경험해보는 것이 좋습니다. 그런데 어느 순간 일반인과 과학을 배우는 학생들은 물론, 그 분야에서 연구를 하는 과학자들마저 이런 숨결을 직접 경험하지 못하고 이를 소화해서 정리해놓은 교과서나 서적들을 통해서만 접하고 있습니다. 창의적인 생각의 흐름을 직접 접하는 것은 그런 생각을 했던 과학자들의 어깨 위에서 더 멀리 바라보고 새로운 발견을 하고자 하는 사람들에게 매우 중요합니다.

저자인 정완상 교수가 새로운 시도로써 이러한 숨결을 우리에게 전해주려 한다고 하여 그의 30년 지기인 저는 매우 기뻤습니다. 그는 대학원생 때부터 당시 혁명기를 지나면서 폭발적인 발전을 하고 있던 끈 이론을 위시한 이론물리학 분야에서 가장 많은 논문을 썼던 사람입니다. 그리고 그러한 에너지가 일반인들과 과학도들을 위한 그의 수많은 서적을 통해 이미 잘 알려져 있습니다. 저자는 이번에 아주 새로운 시도를 하고 있고 이는 어쩌면 우리에게 꼭 필요했던 것일 수 있습니다. 대화체로 과학의 역사와 배경을 매우 재미있게 설명하고, 그 배경 뒤에 나왔던 과학 영웅들의 오리지널 논문들을 풀어간 것입니다. 과학사를 들려주는 책들은 많이 있으나 이처럼 일반인과 과학도의 입장에서 질문하고 이해하는 생각의 흐름을 따라 설명한 책은 없습니다. 게다가 이런 준비를 마친 후에 아인슈타인 같은 영웅들의 논문을 원래의 방식과 표기를 통해 설명하는 부분은 오랫동안 과학을 연구해온 과학자에게도 도움을 줍니다.

이 책을 읽는 독자들은 복 받은 분들일 것이 분명합니다. 제가 과학을 처음 공부할 때 이런 책이 있었다면 얼마나 좋았을까 하는 생각이 듭니다. 정완상 교수는 이제 새로운 형태의 시리즈를 시작하고 있습니다. 독보적인 필력과 독자에게 다가가는 그의 친밀성이 이 시리즈를 통해 재미있고 유익한 과학으로 전해지길 바랍니다. 그리하여 과학을 멀리하는 21세기의 한국인들에게 과학에 대한 붐이 일기를 기대합니다. 22세기를 준비해야 하는 우리에게는 이런 붐이 꼭 있어야 하기 때문입니다.

오리지널 논문 읽기로 과학자처럼 따라 하기

김성원(이화여자대학교 과학교육과 명예교수)

영국의 조지 맬러리는 에베레스트산에 오르기를 세 차례나 시도하고 결국 산에서 영원히 잠든 유명한 등반가입니다. 그에게 한 기자가 왜 산에 오르고 싶어 하는지 질문을 던지자 그는 짧게 답했습니다.

"거기에 산이 있으니까(Because it is there)!"

이후로 이 대답은 등반에 대해서 가장 유명한 말이 되었습니다.

이와 같은 질문을 과학자들에게 던져도 아마 비슷한 대답이 나오리라 봅니다. 과학을 하는 이유 또한 바로 '거기에 자연이 있으니까'이기 때문입니다. 우리는 자연 속에서 살아갑니다. 자연을 탐구하는 일이 바로 과학입니다. 탐구 대상에 따라 여러 분야로 세분하지만, 모든 과학은 자연을 대상으로 하는 데에 공통점이 있습니다. 과학자들도 자연 속에서 살아가기에 그만큼 과학을 하는 것은 당연한 일이며 공기 속에서 숨 쉬는 것처럼 생활의 일부입니다.

과학자들이 하는 연구 내용이나 연구 방법은 고유의 특성을 가지지만 논리적으로 객관성을 유지합니다. 따라서 인문사회 같은 타 영역에서도 이러한 과학적 방법을 받아들이고 '사회과학'처럼 학문명에 감히 과학을 도입하기도 합니다. 과학 학습에는 '과학자처럼 흉내 내기'나 '과학자처럼 따라 하기' 등과 같은 학습 방법이 있습니다. 과학 수업에서 흔히 적용하는 탐구 활동이 그 예입니다. R&E도 과학자처럼 연구 계획, 연구 진행, 연구 결과 발표 등의 활동을 진행합니다. 요즘 새롭게 소개되는 과학자 따라 하기 방법 중 하나가 노벨상 수상자들의 오리지널 논문 읽기입니다. 이것은 학생들이 도전하기에 아주 어려운 활동입니다. 그 논문들은 교사에게도 난해한 경우가 많으며 과학자도 관련 전공이 아닌 경우에는 완전히 이해하기가 쉽지 않습니다.

특히 학생들에게 상대성이론과 같은 어려운 이론의 원문을 소개하고 이해하도록 한다는 것이 무모하다고 여겨질지 모릅니다. 다행스럽게도 현재 우리나라 국가교육과정에서 고등학교에 특수상대성이론과 일반상대성이론이 도입되었습니다. 상대론의 기본 원리와 이에 의해 나타나는 현상에 대해서는 이미 학교에서 학습하고 있습니다. 따라서 너무 전문적인 지식을 제외하고는 이 이론이 학생들에게는 비교적 친숙합니다. 또한 상대론에 관한 수많은 대중 과학 서적과 미니어 자료 덕에 관심이 있는 독자라면 접해 본 경험이 적지 않을 겁니다.

일반상대성이론은 아인슈타인에 의해 만들어진 우주, 천체 등의 문제를 해결하는 이론입니다. 지난 10년 이내에 일반상대성이론과 관련하여 세 번에 걸쳐서 노벨상이 수여되었습니다. 최근 많은 업적이 쌓이고 이로 인해 파생하는 효과가 크다고 인정받기 때문이라고 생각합니다. 가장 가깝게는 2020년에 로저 펜로즈, 라인하르트 겐첼과 앤드리아 게즈가 수상하였습니다. 펜로즈는 일반상대성이론이 블랙홀 형성을 강력히 예측함을 발견한 공로, 겐첼과 게즈는 우리은하 중심에 블랙홀로 추정되는 초거대 질량의 물체를 발견한 공로였습니다. 2019년에 제임스 피블스는 우주론의 이론적 정립으로, 미셸 마요르와 디디에 쿠엘로는 태양형 별을 공전하는 외계 행성 발견으로 공동 수상하였습니다. 2017년에는 라이너 바이스, 배리 배리시, 킵 손이 중력파 발견에 대한 공로로 수상하였습니다.

이러한 시대적 맥락과 과학 학습 방법이라는 배경에서 이 책은 아인슈타인의 두 상대성이론의 기본 개념을 논문 원문 외에도 역사적인 배경과 관련 학자들의 일화와 함께 소개합니다. 또한 여러 사진 자료들도 도움이 됩니다. 이는 독자들로 하여금 선입견으로 겁먹거나 책을 읽는 데 지루하지 않게 합니다. 어쩔 수 없이 도입하는 수식에 친숙하지 않은 독자에게는 어려울 수 있으나, 이를 과감히 생략하고 일반상대성이론과 관련한 현상과 배경인 과학사적 이야기에 기본을 두고 책을 읽어 가는 것도 좋을 듯싶습니다.

어려운 논문을 바탕으로 상대성이론을 소개한 이 책을 통하여 이론의 기본 개념 외에도 아인슈타인이 당시에 가졌던 고민을 그의 동료와 어떻게 의사소통하면서 해결하고 이론을 정립하였는지 알아가는 좋은 기회가 되길 바랍니다.

천재 과학자들의 오리지널 논문을
이해하게 되길 바라며

사람들은 과학 특히 물리학 하면 너무 어렵다고 생각하지요. 제가 외국인들을 만나서 얘기할 때마다 신선하게 느끼는 점이 있습니다. 그들은 고등학교까지 과학을 너무 재미있게 배웠다고 하더군요. 그래서인지 과학에 대해 상당한 지식을 가진 사람들이 많았습니다. 그 덕분에 노벨 과학상도 많이 나오는 게 아닐까 생각해요. 우리나라는 노벨 과학상 수상자가 한 명도 없습니다. 이제 청소년과 일반 독자의 과학 수준을 높여 노벨 과학상 수상자가 매년 나오는 나라가 되게 하고 싶다는 게 제 소망입니다.

그동안 양자역학과 상대성이론에 관한 책은 전 세계적으로 헤아릴 수 없을 정도로 많이 나왔고 앞으로도 계속 나오겠지요. 대부분의 책은 수식을 피하고 관련된 역사 이야기들 중심으로 쓰여 있어요. 제가 보기에는 독자를 고려하여 수식을 너무 배제하는 것 같았습니다. 이제는 독자들의 수준도 많이 높아졌으니 수식을 피하지 말고 천재 과학자들의 오리지널 논문을 이해하길 바랐습니다. 그래서 앞으로 도래할 양자(量子, quantum)와 상대성 우주의 시대를 멋지게 맞이하도록 도우리라는 생각에서 이 기획을 하게 된 것입니다.

원고를 쓰기 위해 논문을 읽고 또 읽으면서 어떻게 이 어려운 논문을 독자들에게 알기 쉽게 설명할까 고민했습니다. 여기서 제가 설정한 독자는 고등학교 정도의 수식을 이해하는 청소년과 일반 독자입니다. 물론 이 시리즈의 논문에 그 수준을 넘어서는 내용도 나오지만 고등학교 수학만 알면 이해할 수 있도록 설명했습니다. 이 책을 읽으며 천재 과학자들의 오리지널 논문을 얼마나 이해할지는 독자들에 따라 다를 거라 생각합니다. 책을 다 읽고 100% 혹은 70%를 이해하거나 30% 미만으로 이해하는 독자도 있을 것입니다. 저의 생각으로는 이 책의 30% 이상 이해한다면 그 사람은 대단하다고 봅니다.

이 책에서는 일반상대성이론에 대한 세 가지 논문(1913년 아인슈타인과 그로스만의 논문, 1916년 아인슈타인의 논문, 1916년 슈바르츠실트의 논문)을 다루었습니다. 1913년 아인슈타인과 그로스만의 논문은 일반상대성이론에 관한 첫 시도였습니다. 하지만 이 과정에서 문제점을 느낀 아인슈타인은 1916년에 단독 논문으로 일반상대성이론을 완성하고 아인슈타인 방정식을 발표합니다. 같은 해에 슈바르츠실트는 아인슈타인 방정식을 최초로 풀어 블랙홀의 존재를 예언합니다. 여기서는 이들 논문을 청소년과 일반 독자를 위해 조금 쉽게 기술하고자 노력했습니다.

아인슈타인의 일반상대성이론을 이해하려면 먼저 리만 기하학을 알아야 합니다. 이것은 유클리드 기하학을 공과 같이 휘어진 면에서의 기하학으로 일반화하는 작업으로 18세기 말 수학자 리만에 의해 이루어집니다. 그래서 이 책에서는 기하학의 역사부터 언급했습니다. 이어서 4차원 시공간 기하와 아인슈타인의 합 기호, 일반상대성이론의 기본 아이디어인 아인슈타인의 등가원리를 설명했습니다. 4

장에서는 수식 없이 아인슈타인 방정식을 소개하며 수식에 어려움을 겪는 독자에게 도움을 주고자 했고, 수식을 사랑하는 독자를 위해 5장에서는 아인슈타인의 논문을 따라가면서 아인슈타인 방정식을 다루었습니다. 6장에서는 블랙홀, 웜홀에 관한 이야기로 이 책을 마무리했습니다.

〈노벨상 수상자들의 오리지널 논문으로 배우는 과학〉 시리즈는 많은 이에게 도움을 줄 수 있다고 생각합니다. 과학자가 꿈인 학생과 그의 부모, 어릴 때부터 수학과 과학을 사랑했던 어른, 양자역학과 상대성이론을 좀 더 알고 싶은 사람, 아이들에게 위대한 논문을 소개하려는 과학 선생님, 반도체나 양자 암호 시스템, 우주 항공 계통 등의 일에 종사하는 직장인, 〈인터스텔라〉를 능가하는 SF 영화를 만들고 싶어 하는 영화 제작자나 웹툰 작가 등 많은 사람들에게 이 시리즈를 추천합니다.

진주에서 정완상 교수

세상에서 가장 쉬운 과학 수업 일반상대성이론

우주를 지배하는 방정식을 만들다
_ 펜로즈 박사 깜짝 인터뷰

두 종류의 상대성이론

기자　오늘은 아인슈타인의 1916년 일반상대성이론 논문에 대해 펜로즈 박사와 인터뷰를 진행하겠습니다. 펜로즈 박사는 일반상대성이론 연구로 2020년 노벨 물리학상을 수상한 분이지요. 펜로즈 박사님, 나와 주셔서 감사합니다.

펜로즈　제가 제일 존경하는 과학자인 아인슈타인의 논문에 관한 내용이라 만사를 제치고 달려왔습니다.

기자　아인슈타인의 상대성이론에는 특수상대성이론과 일반상대성이론으로 두 종류가 있는데 그 차이는 무엇인가요?

펜로즈　특수상대성이론은 아인슈타인이 1905년에 발표했습니다. 이 논문에서 그는 시공간 개념을 처음 도입했고 움직이는 관찰자와 정지해 있는 관찰자의 시간이 다르게 흘러야 한다는 것을 알아냈지요. 하지만 특수상대성이론은 움직이는 관찰자가 등속도로 움직이는 경우에만—특수한 경우에만—성립하는 이론입니다. 그래서 아인슈타인은 이 이론을 가속도가 존재하는 경우에도 성립할 수 있게 확장하는 작업을 한 거죠. 가장 일반적인 상대성이론이 되기 때문에 이 이론을 일반상대성이론이라고 부르는 것입니다.

기자   그렇군요.

리만 기하학에 관하여

기자   일반상대성이론은 새로운 기하학과 관련된다고 들었습니다. 어떤 기하학이죠?

펜로즈   우리가 흔히 알고 있는 기하학은 지금으로부터 약 2500년 전에 고대 그리스의 유클리드가 《원론》에 정리한 유클리드 기하학입니다. 그러니까 평평한 면에서의 기하학이지요. 18세기 말 리만은 스승 가우스의 연구를 이어받아 휘어진 면에서의 기하학을 만들었습니다. 이 과정에서 휘어진 면의 곡률이라는 개념도 등장하지요. 이렇게 휘어진 면에서의 기하학은 평평한 면에서의 기하학과 완전히 다른 성질을 보입니다. 이것을 리만 기하학이라고 부르지요.

기자   대표적으로 어떤 성질이 달라지나요?

펜로즈   평평한 면에서는 삼각형의 내각의 합이 180도이지만 휘어진 면에 삼각형을 그리면 내각의 합이 180도보다 작을 수도 있고 클 수도 있습니다. 이것은 휘어진 면의 곡률에 따라 달라지지요. 즉, 평평한 면에서의 기하학은 곡률이 0인 리만 기하학입니다.

기자   삼각형의 모양이 달라진다니 신기하네요.

세상에서 가장 쉬운 과학 수업 일반상대성이론

아인슈타인의 1916년 논문 개요

기자   아인슈타인의 1916년 논문에는 어떤 내용이 담겨 있나요?

펜로즈   1907년에 아인슈타인은 등가원리에 관한 논문을 발표했습니다. 여기에서 그는 가속도와 중력장의 세기가 동등하다는 원리를 제시했는데 이것이 바로 등가원리이지요. 1911년 아인슈타인은 이 원리를 이용해 태양 주변에서 빛이 휘어져야 한다고 생각했습니다.

기자   빛이 휘어진다고요?

펜로즈   아인슈타인은 자신의 생각을 친구이자 취리히 연방 공과대학 수학과 교수인 그로스만과 의논했습니다. 수학자인 그로스만은 우주가 휘어져 있으면 리만 기하학을 적용해야 한다고 주장했지요. 그는 아인슈타인에게 리만 기하학에 대해서 친절하게 설명해 주었고 두 사람의 공동 연구는 1913년에 논문으로 발표되었어요. 이 논문에서 아인슈타인과 그로스만은 태양의 중력장 때문에 태양 주변의 별빛이 휘는 각도를 리만 기하학을 이용해 계산했고, 그 각도가 1.75″임을 알아냈습니다. 1919년 에딩턴이 이끄는 그리니치 천문대에 의해 이것은 사실로 판명되었습니다. 이는 태양 주변의 시공간이 태양의 중력 때문에 휘어지는 것을 의미하지요.

기자   1913년 논문이 일반상대성이론의 첫 번째 논문인가요?

펜로즈   그런 셈이에요. 하지만 이 논문은 부족한 부분이 많았습니다. 그래서 아인슈타인은 3년 동안 그 내용을 옳게 고치는 연구를 했고 1916년에 완벽한 논문을 만들게 된 거죠. 이것이 바로 일반상대성이론 논문입니다. 여기에 아인슈타인 방정식이 등장하지요.

기자　　여러 해 동안의 연구로 이룬 업적이군요.

아인슈타인의 1916년 논문이 일으킨 파장

기자　　아인슈타인의 1916년 논문은 무슨 변화를 가지고 왔나요?

펜로즈　　일반상대성이론 논문은 과학자들에게 큰 파장을 몰고 왔습니다. 첫 번째로 이루어진 것은 슈바르츠실트가 발견한 블랙홀입니다. 슈바르츠실트는 아인슈타인 방정식을 최초로 풀었는데 그 과정에서 중력이 엄청나게 커지는 블랙홀이 존재하는 것을 알아냈지요. 그 후 다른 종류의 블랙홀도 알려졌고, 블랙홀과 화이트홀을 연결하는 웜홀 연구도 활발해졌습니다.

기자　　웜홀이라면 벌레 구멍을 말하는 건가요?

펜로즈　　맞습니다. 우주의 두 시공간을 블랙홀과 화이트홀로 연결한 통로를 웜홀이라고 부릅니다. 블랙홀은 모든 물질을 빨아들이는 반면 화이트홀은 모든 물질을 방출하지요.

기자　　화이트홀도 관측되었나요?

펜로즈　　아직까지 화이트홀과 웜홀은 가설입니다. 관측되지 않았기 때문이지요. 하지만 과학자들은 웜홀이 실제로 존재하고 이것을 통하면 우주여행 시간을 엄청나게 단축할 수 있을 거라 믿고 있습니다.

기자　　그 밖에 또 어떤 영향을 끼쳤죠?

　　　　　세상에서 가장 쉬운 과학 수업 일반상대성이론

펜로즈　아인슈타인 방정식은 우리 우주의 미래를 결정짓는 중요한 역할을 하게 되었습니다. 이 일은 프리드만에 의해 이루어졌는데 우주의 팽창을 아인슈타인 방정식으로 설명했지요.

기자　아인슈타인 방정식은 우주의 모든 것을 설명하는 방정식이네요.

펜로즈　그렇게 볼 수 있습니다.

기자　흥미롭군요. 지금까지 아인슈타인의 일반상대성이론 논문에 대해 펜로즈 박사의 이야기를 들어 보았습니다.

리만 기하학의 탄생

기하학의 역사 _ 파피루스[1]의 기록과 유클리드 기하학

정교수 우선 고대 문명에 등장하는 기하학의 역사부터 살펴보기로 하지.

맨 처음 기록된 기하학은 기원전 2000년의 고대 메소포타미아와 이집트로 거슬러 올라간다. 초기 기하학은 길이, 각도, 면적 및 부피에 관해 경험적으로 발견한 원리를 모은 내용으로 측량, 건축, 천문학 및 다양한 공예를 위해 연구되었다.

기하학에 대해 가장 먼저 알려진 문헌은 이집트 린드 파피루스 (기원전 2000~1800년)와 모스크바 파피루스(기원전 1890년경), 그리고 플림턴 322(기원전 1900년경)와 같은 바빌로니아 점토판이다.

린드 파피루스는 너비가 30센티미터이고 길이가 540센티미터 정도이며, 스코틀랜드의 고고학자인 린드가 1858년 이집트 테베에서 발견했다.

린드 파피루스

1] 이집트 나일강 변에서 자라는 물풀로 만든 종이

세상에서 가장 쉬운 과학 수업 일반상대성이론

모스크바 파피루스는 소련(현재 러시아)의 골레니시체프가 1893년 이집트 테베에서 구입했다. 이것은 모스크바의 푸시킨 주립 미술관 컬렉션에 보존되어 있어 모스크바 파피루스로 불린다. 길이는 린드 파피루스와 같지만 너비가 $\frac{1}{4}$ 정도밖에 되지 않는다.

모스크바 파피루스

플림턴 322

기원전 7세기 그리스 수학자 탈레스는 기하학을 사용하여 피라미

드 높이를 계산했고 해안에서 배까지의 거리를 구하기도 했다. 그 후 피타고라스는 그의 이름을 딴 유명한 정리인 피타고라스 정리를 알아냈다. 고대 그리스의 기하학은 유클리드의 《원론》이라는 책에 모두 수록되었다.

《원론》은 유클리드가 기원전 3세기에 집필했으며, 총 13권으로 구성되었다. 여기에는 131개의 정의와 465개의 정리가 쓰여 있다.

물리군　《원론》에는 어떤 내용이 들어 있죠?

정교수　각 권의 내용은 다음과 같아.

　제1권: 합동, 평행선, 직선으로 이루어진 도형

　제2권: 피타고라스 정리

제3권: 원, 현, 할선, 접선

제4권: 자와 컴퍼스를 이용한 작도

제5권: 비율 이론

제6권: 도형의 닮음

제7권: 최대공약수

제8권: 연비와 등비수열

제9권: 산술의 기본 정리 및 소수의 성질

제10권: 무리수

제11권: 평행육면체, 정육면체, 각기둥

제12권: 원의 면적과 각뿔, 각기둥, 원뿔, 원기둥, 구의 부피 공식

제13권: 정사면체, 정육면체, 정팔면체, 정십이면체, 정이십면체의 다섯 종류만이 정다면체임을 증명

유클리드의 《원론》에 나오는 기하학적인 내용을 유클리드 기하학이라고 부른다. 유클리드 기하학은 평면에서의 기하학이므로 평면기하학이라고도 한다. 유클리드는 증명할 수 없는 다음과 같은 가정을 이용해 많은 정리를 증명했다.

[평행선 가정] 평면에서 한 직선과 직선 밖의 점을 생각하자. 이 점을 지나면서 주어진 직선과 만나지 않는 직선은 최대 하나만 그릴 수 있다.

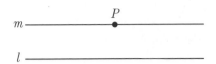

위 그림을 보면 주이진 직선 *l*과 직선 밖의 점 *P*에 대해 점 *P*를 지나면서 직선 *l*과 만나지 않는 직선은 직선 *m*이 유일하다. 이때 직선 *m*과 직선 *l*은 평행하다고 하며 이 두 직선을 평행선이라고 부른다.

비유클리드 기하학 _ 평행선 가정의 부정으로 탄생한 새로운 기하학

정교수 유클리드 기하학이 나온 이후 많은 수학자가 평행선 가정을 증명하려고 나섰다네. 프로클로스, 이븐 알하이삼, 오마르 하이얌, 나시르 알딘 알투시, 비텔로, 게르소니데스, 알폰소, 그리고 나중에는 제로니모 사케리, 존 월리스, 요한 하인리히 람베르트, 르장드르 등이 이 문제에 도전했지. 이 과정에서 보여이와 로바쳅스키는 쌍곡 기하학이라는 새로운 기하학을 만들었어. 먼저 보여이에 대해 알아보세.

보여이(János Bolyai, 1802~1860, 사진 출처: Ferenc Márkos/Wikimedia Commons)

보여이는 헝가리 제국에 속한 트란실바니아 대공국(현재 루마니아의 클루지나포카)의 콜로주바르 마을에서 태어났다. 수학자인 아버지로부터 가르침을 받던 그는 13세가 되었을 때 미적분학과 다른 형태의 해석역학을 마스터했다. 1818년부터 1822년까지는 빈에 있는 제국 및 왕립 육군사관학교에서 공부한 후 24세에 대위가 되었다. 그는 독일어, 라틴어, 프랑스어, 이탈리아어, 루마니아어 등 여러 외국어를 구사할 수 있었다.

1791년 트란실바니아
대공국 지도

보여이는 유클리드의 평행선 가정에 수년 동안 매달렸다. 그 모습을 본 그의 아버지는 1820년에 다음과 같은 편지를 썼다.

나는 이 길의 끝을 알고 있단다. 인생의 모든 빛과 기쁨을 무시한 채 이 문제에 도전했지만 나는 아무것도 얻지 못했다. 아들아, 너도 평행선 가정에 대한 미련을 버려라.

-보여이의 아버지가 아들에게 보낸 편지

그러나 보여이는 평행선 가정 연구를 포기하지 않았다. 끝내 그는 평행선 가정을 부정하면 새로운 기하학을 만들 수 있다는 결론에 도달했다. 1823년 그는 아버지에게 이렇게 소식을 전했다.

저는 너무나 놀라운 것들을 발견했습니다. 저는 무(無)에서 낯선 새로운 우주를 창조했습니다.

-보여이가 아버지에게 보낸 편지

보여이의 연구 결과는 1832년 그의 아버지에 의해 수학 교과서의 부록으로 출판되었다. 가우스(Carl Friedrich Gauss)는 이 부록을 읽고는 보여이의 아버지에게 다음과 같은 편지를 썼다.

나는 이 젊은 기하학자 보여이를 세계 최고의 수학 천재라고 생각합니다.

-가우스가 보여이의 아버지에게 보낸 편지

기하학 연구 외에도 보여이는 복소수의 엄밀한 개념을 개발했고, 사망할 때까지 20,000쪽 이상의 수학 원고를 남겼다.

이번에는 로바쳅스키에 대해 알아보자.

로바쳅스키
(Nikolai Ivanovich Lobachevsky, 1792~1856)

　로바쳅스키는 1792년 러시아 제국의 니즈니노브고로드에서 태어
났다. 그가 7세 때 토지측량 사무소의 사무원이었던 아버지가 사망
하여, 그 후 어머니와 함께 카잔으로 이사했다. 그는 1802년부터 카
잔 김나지움에 다녔고 1807년에 졸업한 후 장학금을 받고 카잔 대학
에 입학했다.

1830년대 카잔 대학

　카잔 대학에서 로바쳅스키는 가우스의 친구인 요한 크리스티안 마

르틴 바르텔스(Johann Christian Martin Bartels) 교수의 영향을 받았다. 로바쳅스키는 1811년에 물리학과 수학 석사 학위를 받고 1814년에 카잔 대학의 강사가 되었으며 1816년에 부교수로 승진했다. 1822년에는 30세의 나이로 수학, 물리학, 천문학을 가르치는 정교수가 되었다.

로바쳅스키 역시 유클리드의 평행선 가정을 부정해 새로운 기하학을 만들었고, 이를 1829년에서 1830년 사이에 〈기하학의 기원〉이라는 논문으로 '카잔 대학 강의 노트'에 게재했다.

1827년 로바쳅스키는 카잔 대학의 총장이 되었다. 1846년 그는 건강 악화로 자리에서 물러났는데, 1850년대 초반에는 거의 눈이 멀고 걸을 수도 없었다. 그리고 1856년에 가난 속에서 생을 마감했다.

물리군　두 사람이 만들었다는 쌍곡 기하학이 뭐예요?

정교수　쌍곡 기하학은 비유클리드 기하학의 한 종류야. 유클리드의 평행선 가정을 부정하는 기하학을 비유클리드 기하학이라고 부르지. 다음 그림과 같은 곡면을 살펴볼까?

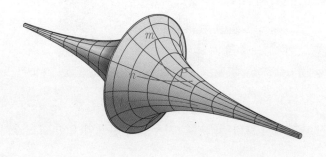

그림에서 주어진 곡선 *l*과 그 밖의 점 *P*를 생각해 봐. 이때 점 *P*를 지나면서 곡선 *l*과 만나지 않는 곡선을 무수히 많이 그릴 수 있지. 그림에서 곡선 *m*과 *n*은 곡선 *l*과 만나지 않거든. 다시 말해 이러한 곡면에서는 유클리드의 평행선 가정이 성립하지 않아. 여기서 생기는 곡선의 모양이 쌍곡선이기 때문에 이런 곡면에서 성립하는 기하학을 쌍곡 기하학이라고 불러.

유클리드 기하학에서는 삼각형의 내각의 합이 180도이지만, 쌍곡 기하학에서는 삼각형의 내각이 합이 180도보다 작아. 다음 그림은 말안장 곡면에 삼각형을 그린 거야.

쌍곡 기하학이 적용되는 말안장 곡면 위의 삼각형

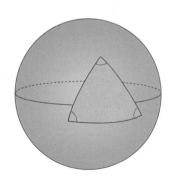

물리군 삼각형의 내각의 합이 180도보다 커지는 기하학도 있나요?

정교수 물론이야. 구면 위에 삼각형을 그리면 삼각형의 내각의 합이 180도보다 커져. 이렇게 구면에서의 기하학을 구면 기하학이라고 해.

물리군　구면 기하학은 누가 처음 연구했죠?

정교수　고대 그리스 사람들이 천문학이나 항법을 위해 구면에서의 수학을 연구했어. 바로 지구가 구면이기 때문이야.

　최초로 구면에 대한 기하학 연구를 한 사람은 그리스의 천문학자, 수학자, 지리학자인 아우톨리코스(Autolycus of Pitane, B.C.360~ B.C.290)이다. 그는 《회전하는 구체에 관하여》라는 책에서 구가 축을 중심으로 회전할 때 구면 위의 점과 호의 움직임을 다루었다.

《회전하는 구체에 관하여》의 표지

　그 후 그리스 천문학자이자 수학자인 테오도시우스(Theodosius of Bithynia, 기원전 2세기~기원전 1세기)는 자신의 저서 《구형 (Spherics)》에 구면 위에서의 삼각형의 성질에 관한 내용을 실었다.

　구면 위의 삼각비를 최초로 연구한 사람은 아랍 수학자 이븐 무아

드 알자야니(Ibn Mu'adh al-Jayyani, 989~1079)이다. 그는 《구의 알려지지 않은 호에 관한 책》에서 구면 위에서의 사인 법칙이나 구면 삼각형에 대한 여러 성질을 설명했다.

1463년경에 쓰여진 레기오몬타누스(Regiomontanus)의 《삼각형에 관하여(On Triangles)》는 유럽 최초로 구면 삼각법을 다룬 책이다. 그 후 스위스의 오일러는 구면 기하학의 중요 내용을 연구했다.

물리군 구면 기하학도 비유클리드 기하학인가요?

정교수 그렇지. 구면 기하학도 유클리드의 평행선 가정을 만족하지 않아. 구면 위의 한 곡선과 그 곡선 밖의 점을 생각하면, 이 점을 지나는 곡선 중에서 주어진 곡선과 만나지 않는 곡선은 존재하지 않거든.

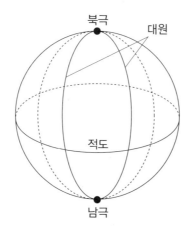

가우스와 리만의 등장 _ 수학의 왕과 그 제자

정교수   이제 비유클리드 기하학 연구를 발전시킨 두 위대한 수학자에 대해 이야기해 볼까? 먼저 수학의 왕이라 불리는 가우스를 알아보세.

가우스
(Johann Carl Friedrich Gauss, 1777~1855)

가우스는 1777년 독일에서 가난한 집안의 외동아들로 태어났다. 그의 아버지는 벽돌공과 정원사로 일했는데 워낙 성질이 난폭해서 가족들에게 환영을 받지 못했다. 가우스는 어린 시절 외삼촌 프리드리히에게 수학을 배웠다. 프리드리히는 베 짜는 일을 했지만 수학을 좋아해 조카에게 자신이 알고 있는 수학을 모두 가르쳐 주었다.

일곱 살 때 가우스는 성 카타리넨 학교에 입학했다. 그 학교에서는 여러 학년 아이들이 함께 수학을 배웠는데, 교장인 게오르크 뷔트너가 수학을 가르쳤다. 어느 날 뷔트너는 고학년 아이들을 지도하기 위해 저학년 아이들에게 1부터 100까지의 자연수를 모두 더하라는 문제를 냈다.

세상에서 가장 쉬운 과학 수업 일반상대성이론

계산을 마친 아이들은 노트를 교탁 위에 올려놓아야 했는데, 문제를 내준 지 몇 초 만에 가우스가 노트를 가지고 나왔다. 뷔트너는 가우스가 과제를 포기하고 아무렇게나 답을 썼다고 생각하며 화가 난 표정으로 고학년 아이들을 지도했다.

수업이 끝난 뒤 뷔트너는 저학년 아이들의 노트를 들여다보았다. 1 + 2 = 3, 1 + 2 + 3 = 6, … 이런 식으로 열심히 덧셈을 한 아이들의 노트 가운데 정답 5050만 적은 가우스의 노트가 있었다.

뷔트너는 가우스에게 어떻게 정답을 알았는지 물었다. 그러자 가우스는 다음과 같이 대답했다.

"1과 100, 2와 99, 3과 98처럼 두 수를 짝지으면 그 합이 항상 101이 됩니다. 이런 짝이 50개가 있으므로 답은 50과 101의 곱인 5050입니다."

가우스의 천재성에 감명을 받은 뷔트너는 그가 더 높은 수준의 수학을 배울 수 있도록 중학교에 조기 진학하는 데 힘썼다. 14세에 중등교육을 모두 마친 가우스는 브라운슈바이크 공작의 후원으로 과학 아카데미에서 공부한 후 18세에 괴팅겐 대학에 입학했다.

대학 시절 가우스는 수많은 발명을 했다. 19세 때 그는 언어학과 수학 사이에서 전공 결정을 망설이고 있었다. 그러다 고대 그리스부터 오랫동안 불가능하다고 여겨진, 정십칠각형을 자와 컴퍼스만으로 작도하는 방법을 알아냈다. 그 후 정257각형, 정65537각형도 똑같은 방법으로 그릴 수 있음을 발견했다.

　가우스는 수학 일기를 쓴 것으로 유명하다. 수학 일기는 가우스가 죽은 후 유족들이 찾아냈는데, 자신이 새롭게 발견한 내용을 한두 줄로 요약한 것이었다. 예를 들어 1796년 3월 30일 일기에는 '원을 17등분 할 수 있음'이라는 메모가 남아 있다. 1796년 7월 10일 일기에는 '유레카! 수 = △ + △ + △'라는 암호가 적혀 있는데, 이는 임의의 정수를 세 삼각수의 합으로 나타낼 수 있다는 것을 의미했다. 1796년 10월 21일 일기에는 '나는 거인을 정복했다'고 쓰여 있는데 이것이 무엇을 뜻하는지는 알려지지 않았다.

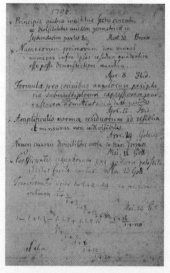

가우스의 일기장

　소행성 케레스의 궤도를 정확하게 계산하는 등 천문학에도 관심이 많았던 가우스는 1807년부터 괴팅겐 대학 교수와 천문대장을 겸임했다. 천문대장이라고 해도 조수 한 명 없이 혼자 천체를 관측하고 계산을 하면서 동시에 강의도 해야 했다. 당시 독일은 프랑스의 나폴레옹이 점령한 상태였기 때문에 점령지의 수학자인 가우스는 아주 적은 급료를 지급받았다. 그는 힘든 생활을 극복하고 전기와 자기 분야에서 수많은 연구를 했다. 전기에 대한 가우스 법칙이 나온 것도 이때의 일이다.

가우스는 말년에 제자인 리만과 함께 비유클리드 기하학에서의 곡률을 연구했다. 이 내용은 가우스가 죽은 뒤 리만이 본격적으로 연구해 곡면의 곡률에 관한 이론이 완성되면서 리만 기하학이라는 이름으로 불린다.

리만(Georg Friedrich Bernhard Riemann, 1826~1866)

리만은 1826년 9월 17일 하노버 왕국의 다넨베르크 근처 마을인 브레젤렌츠에서 태어났다. 그의 아버지 프리드리히 베른하르트 리만

(Friedrich Bernhard Riemann)은 나폴레옹 전쟁에 참전했던 가난한 루터교 목사였다. 리만의 어머니는 자녀들이 성인이 되기 전에 사망했다. 육 남매 중 둘째인 리만은 수줍음이 많았으며 신경쇠약으로 자주 고통받았다. 그는 어려서부터 계산 능력을 비롯해 뛰어난 수학적 재능을 보였지만 소심하고 대중 앞에서 말하는 것을 두려워했다.

1840년에 리만은 하노버로 가서 할머니와 함께 살면서 중학교에 다녔다. 1842년 할머니가 돌아가신 후에는 요하노임 뤼네부르크 고등학교로 진학했다. 고등학교에서 그는 신학을 집중적으로 공부했지만 수학에도 재능을 보였다. 교사들은 그들의 수준을 넘어서는 복잡한 수학 연산을 수행하는 리만의 능력에 놀라워했다.

1846년 19세의 나이에 리만은 가족의 생계를 돕기 위해 목사가 되고자 문헌학과 신학을 공부하기 시작했다. 그해 봄, 그의 아버지는 충분한 돈을 모은 후 리만을 괴팅겐 대학에 보냈다. 리만은 신학 학위를 받을 생각이었다. 그러나 그곳에서 그는 가우스를 만났고, 리만의 천재성을 알아본 가우스는 그에게 수학 연구를 할 것을 권고했다.

1847년 리만은 위대한 수학자들인 야코비(Carl Gustav Jacob Jacobi), 디리클레(Peter Gustav Lejeune Dirichlet), 슈타이너(Jakob Steiner), 아이젠슈타인(Gotthold Eisenstein)이 있는 베를린 대학에 편입했다. 그는 2년 동안 베를린 대학에서 공부한 후 1849년에 괴팅겐으로 돌아왔다. 괴팅겐 대학 수학 박사과정에 진학한 리만은 가우스의 지도 아래 복소함수를 연구하여 1851년 12월에 박사 학위를 받았다.

당시 독일은 교수 자격을 취득하기 위한 시범강의라는 제도가 있었다. 리만은 1854년 6월 10일 괴팅겐 대학 수학과 교수들 앞에서 〈휘어진 면에서의 기하학〉이라는 새로운 기하학 논문을 발표했다. 이 논문은 훗날 리만 기하학으로 불리고, 아인슈타인이 일반상대성이론을 만드는 데 크게 기여한다.

시범강의를 통과한 리만은 가을 학기에 첫 수업을 맡았지만 그의 수업이 너무 어려워 수강 신청자는 매우 적었다. 1859년 7월 30일, 리만은 괴팅겐 대학 정교수가 되었고 그해 8월 11일에는 베를린 학술원 회원이 되었다. 이때 베를린 학술원에 제출한 논문이 바로 리만 가설이 들어 있는 〈어떤 수보다 작은 소수의 개수에 관하여〉이다.

1862년 리만은 엘리제 코흐와 결혼하여 그해 12월 22일에 딸 이다 실링을 낳았다. 그리고 1866년 하노버와 프로이센의 전쟁 때 괴팅겐을 떠나 이탈리아로 갔다가 결핵으로 사망했다.

곡률 개념의 탄생 _ 휘어진 정도

정교수 지금부터는 곡률의 개념을 알아볼게. 곡률은 휘어진 정도를 나타내지. 맨 처음에 곡률은 곡선에 대해 정의되었어. 곡선의 곡률을 최초로 연구한 수학자는 니콜 오렘이야.

오렘(Nicolas d'Oresme, 1320~1382)

　평면 위에 어떤 곡선이 주어져 있을 때 그 곡선의 굽은 정도를 나타내는 것을 곡률이라고 한다. 예를 들어 다음 그림을 보자.

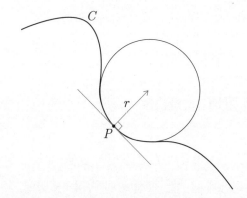

　점 P에서의 곡률을 구하기 위해서는 점 P에서의 접선과 점 P를 지나면서 접선에 수직인 직선을 그린다. 또한 곡선의 일부분이 원의 일

세상에서 가장 쉬운 과학 수업 일반상대성이론

부가 되도록 원을 그리고 그 반지름을 r이라고 하자. 이때 r을 곡선의 곡률반지름으로 부르며, 곡률을 K라고 하면

$$K = \frac{1}{r}$$

이 된다. 여기서 원의 중심을 곡률중심이라고 한다. 즉, 곡률반지름이 작으면 곡률이 커지고 곡률반지름이 크면 곡률이 작아진다. 극단적인 예로 직선은 곡률반지름이 무한대인 원으로 생각할 수 있다. 그러므로 직선의 곡률은 0이다.

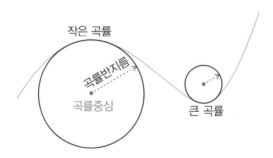

이번에는 곡면의 곡률을 설명하겠다. 다음 그림과 같은 계란을 생각해 보자.

계란 위의 한 점에서 두 개의 서로 다른 곡선을 그리는데 곡선의 곡률이 제일 큰 것과 제일 작은 것을 그린다. 가장 큰 곡률을 m이라 하고, 가장 작은 곡률을 n이라고 하자.

여기서 조심할 게 있다. 곡선을 위에서 봤을 때 오목한 모양이면 곡률을 음수로 선택한다. 반대로 볼록한 모양이면 곡률을 양수로 선택한다. 그리고 곡선이 직선이면 곡률은 0이다. 그러니까 곡선의 곡률은 양수 또는 0 또는 음수가 된다.

이때 곡면의 곡률 K는

$$K = m \times n$$

으로 정의한다. 이 경우 m, n이 모두 양수이므로 곡면의 곡률은 양수이다.

특별히 반지름이 R인 구면의 경우

$$m = \frac{1}{R}, \quad n = \frac{1}{R}$$

이므로 구면의 곡률은

$$K = \frac{1}{R} \times \frac{1}{R} = \frac{1}{R^2}$$

이 된다.

이제 음의 곡률이 나오는 예를 들어 보겠다. 다음과 같은 말안장 곡면을 생각하자.

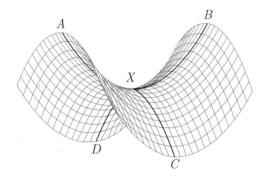

곡면 위의 한 점에서 곡선의 곡률이 가장 큰 값을 가지는 경우는 C 와 D를 연결한 검은 선이다. 이 곡선은 위로 볼록이므로 $m > 0$이다. 곡선의 곡률이 가장 작은 경우는 A와 B를 연결한 검은 선이다. 이 곡선은 위로 오목이므로 $n < 0$이다. 그러니까 이 곡면의 곡률은

$$K = mn < 0$$

이 된다. 즉, 말안장 곡면은 음의 곡률을 가지는 대표적인 곡면이다.

구좌표계 _ 3차원 공간을 나타내는 방법

정교수 아인슈타인의 일반상대성이론을 공부하려면 구좌표에 대해 알아야 해.

물리군 구좌표는 처음 듣는데요?

정교수 3차원 공간은 세 개의 좌표로 나타낼 수 있어. 그중 유명한 것은 데카르트 좌표와 구좌표야.

공간상의 점 P는 데카르트 좌표로 다음과 같이 쓸 수 있다.

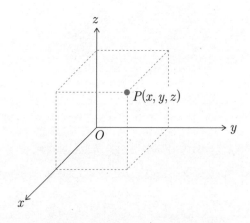

이번에는 같은 점 P를 구좌표계로 표현하는 방법을 알아보자.

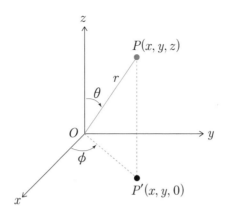

구좌표계는 원점 O에서 점 P까지의 거리 r, z축과 $\overline{OP}$의 사잇각 θ, 점 P의 xy평면으로의 수선의 발을 $P'(x, y, 0)$이라고 할 때 $\overline{OP'}$과 x축의 양의 방향이 이루는 각 ϕ로 구성된다. 즉, 점 P를 데카르트 좌표로 나타내면

$P(x, y, z)$

이지만 구좌표로 나타내면

$P(r, \theta, \phi)$

가 된다. 여기서 θ를 편각, ϕ를 방위각이라고 한다. 이때 편각의 범위는

$0 \le \theta \le \pi$

이다. 예를 들어 북극점의 편각은 $\theta = 0$이고 남극점의 편각은 $\theta = \pi$이다. 한편 방위각의 범위는 다음과 같다.

$$0 \leq \phi \leq 2\pi$$

$\overline{OP'}$은 $\overline{OP}$의 그림자이므로

$$\overline{OP'} = \overline{OP}\cos\left(\frac{\pi}{2} - \theta\right)$$

$$= \overline{OP}\sin\theta$$

$$= r\sin\theta \tag{1-5-1}$$

가 된다. 이제 다음 그림을 보자.

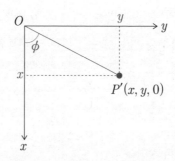

따라서 데카르트 좌표를 구좌표로 나타내면 다음과 같다.

$$x = r\sin\theta\cos\phi$$

$$y = r\sin\theta\sin\phi$$

$$z = r\cos\theta \tag{1-5-2}$$

반대로 구좌표를 데카르트 좌표로 나타내면

세상에서 가장 쉬운 과학 수업 일반상대성이론

$$r = \sqrt{x^2 + y^2 + z^2}$$

$$\theta = \cos^{-1} \frac{z}{r}$$

$$\phi = \tan^{-1} \frac{y}{x} \tag{1-5-3}$$

가 된다.

이번에는 구좌표계로 부피 요소를 나타내겠다. r방향으로 아주 작게 쪼갠 한 부분의 길이를 Δr, θ방향으로 아주 잘게 쪼갠 각을 $\Delta \theta$, ϕ방향 으로 아주 잘게 쪼갠 각을 $\Delta \phi$라고 할 때, 다음과 같은 모양을 생각하자.

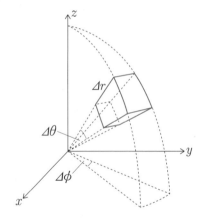

정교수 그림에 보이는 입체가 직육면체를 닮았지?

물리군 하지만 변들이 곡선이잖아요?

정교수 Δr, $\Delta \theta$, $\Delta \phi$를 0에 가까운 값으로 보내는 극한을 생각해 봐. 그러면 Δr, $\Delta \theta$, $\Delta \phi$는 dr, $d\theta$, $d\phi$가 되지. 이런 극한을 취하면 곡선이

직선에 가까워질 거야. 이제 다음 그림을 볼까?

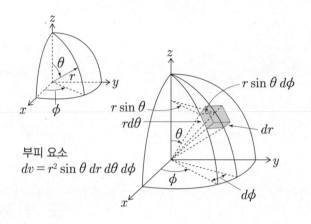

부피 요소
$$dv = r^2 \sin\theta\, dr\, d\theta\, d\phi$$

이 직육면체의 세 변의 길이는 dr, $rd\theta$, $r\sin\theta d\phi$이지. 그러니까 부피 요소는

$$dv = (dr) \times (rd\theta) \times (r\sin\theta d\phi) = r^2 \sin\theta dr d\theta d\phi$$

가 돼. 이때 아주 가까이 있는 두 점 사이의 거리를 ds라고 하면, 이 거리는 직육면체의 대각선의 길이이므로 피타고라스 정리에 의해

$$ds^2 = (dr)^2 + (rd\theta)^2 + (r\sin\theta d\phi)^2$$
$$= dr^2 + r^2 d\theta^2 + r^2 \sin^2\theta d\phi^2$$

임을 알 수 있어.

물리군 그렇군요.

두 번째 만남

●

4차원 시공간

아인슈타인의 학창 시절 _동반자 밀레바 마리치

정교수   아인슈타인의 이론을 살펴보기 전에 그의 전기부터 소개할게.

아인슈타인(Albert Einstein, 1879~1955,
1921년 노벨 물리학상 수상)

  1895년 아인슈타인은 16세의 나이로 취리히에 있는 스위스 연방 폴리테크닉 학교(훗날 취리히 연방 공과대학, ETH) 입학시험에 응시했다. 하지만 물리학과 수학을 제외한 다른 과목의 성적이 낮아 불합격했다. 폴리테크닉 학교 총장의 조언에 따라 그는 1895년과 1896년에 스위스 아라우에 있는 아르가우 주립 학교(김나지움)에서 부족한 과목을 공부했다. 당시 아인슈타인은 빈텔러(Jost Winteler, 1846~1929) 교수의 집에 머물렀는데, 그의 딸인 마리 빈텔러와 사랑에 빠졌다.

  1896년 1월에 아인슈타인은 아버지의 뜻대로 독일군 복무를 피하기 위해 독일 시민권을 포기했다. 그리고 물리학 및 수학 과목에서

세상에서 가장 쉬운 과학 수업 일반상대성이론

맨 왼쪽이 마리 빈텔러, 왼쪽에서 다섯 번째가 빈텔러 교수

최고 등급을 따내는 등 대부분 좋은 성적으로 스위스 연방 폴리테크닉 학교에 입학했다.

훗날 아인슈타인의 아내가 된 밀레바 마리치(Mileva Marić)도 그해 아인슈타인과 같은 학과에 들어갔다. 과에서 유일한 여성이었던 그는 아인슈타인과 곧 가까운 친구가 되었다. 그 후 몇 년 동안 두 사람의 우정은 사랑으로 발전했다. 그들은 함께 물리책을 읽고 토론하는 것을 즐겼다.

아인슈타인의 입학시험 증명서: 6점이 최고점이다.

밀레바 마리치

1897년 10월부터 겨울 학기 동안 밀레바는 하이델베르크 대학에
서 청강생으로 물리학과 수학 강의를 들었다. 1898년 4월에는 취리
히 연방 공과대학으로 돌아와 미적분학, 기술 및 사영기하학, 역학,
이론물리학, 응용물리학, 실험물리학 및 천문학 등을 공부했다.

밀레바는 1899년에 중급 학위 시험에 응시했는데, 평균 학점은
5.05(6점 만점)로 시험을 치른 6명의 학생 중 5위를 차지했다. 1900
년에는 수학 자격시험 중 함수 이론에서 2.5점을 받아 학위 취득에
실패했다. 그해에 아인슈타인은 취리히 연방 공과대학에서 학위를
받았다.

1901년 밀레바는 임신으로 학업을 더 이상 이어갈 수 없었다. 그는
임신 3개월 때 졸업 시험에 재응시했지만 떨어지고 말았다. 이후 고
향인 노비사드로 가서 1902년에 딸을 낳았다. 그러나 아인슈타인과
밀레바의 첫째 딸은 안타깝게도 1903년 늦여름에 사망했다.

1901년 2월, 아인슈타인은 스위스 시민권을 취득했다. 그는 친구 마르셀 그로스만의 아버지의 도움으로 베른의 스위스 특허국 사무소에 보조 심사관으로 취직했다. 아인슈타인은 자갈 선별기 및 전기-기계적 동기화 타자기를 포함한 다양한 장치의 특허출원을 평가했다.

아인슈타인의 첫 논문은 1901년에 등장한다. 그는 모세관 현상을 연구한 내용을《물리학 연보(Annalen der Physik)》에 게재했다.

1902년에는 베른에서 만난 친구 몇 명과 함께 '올림피아 아카데미'라는 이름의 소규모 토론 모임을 시작했다. 이들은 자주 만나 과학과 철학을 주제로 토론했다.

아인슈타인은 밀레바 마리치와 1903년 1월에 결혼했다. 1904년 5월에 스위스 베른에서 첫째 아들 한스 알베르트 아인슈타인이 태어났고, 둘째 아들 에두아르트는 1910년 7월 취리히에서 태어났다.

아인슈타인과 밀레바가 1903년부터
1905년까지 살았던 베른의 집(출처:
Aliman5040/Wikimedia Commons)

　1905년은 아인슈타인에게 있어 기적의 해라고 불린다. 그해에 그는 광전효과, 브라운 운동, 특수상대성이론, 질량과 에너지의 등가성에 관한 논문을 발표했다. 이들 논문 모두 학계의 큰 주목을 받았다.

　1905년 4월 30일, 아인슈타인은 지도 교수 알프레드 클라이너의 도움으로 〈분자 크기의 새로운 결정〉이라는 논문을 완성했다. 그리고 이듬해 1월 15일에 박사 학위를 받았다.

EINE NEUE BESTIMMUNG
DER MOLEKÜLDIMENSIONEN

INAUGURAL-DISSERTATION

ZUR

ERLANGUNG DER PHILOSOPHISCHEN DOKTORWÜRDE

DER

HOHEN PHILOSOPISCHEN FAKULTÄT
(MATHEMATISCH-NATURWISSENSCHAFTLICHE SEKTION)

DER

UNIVERSITÄT ZÜRICH

VORGELEGT

VON

ALBERT EINSTEIN

AUS ZÜRICH

Begutachtet von den Herren Prof. Dr. A. KLEINER
und
Prof. Dr. H. BURKHARDT

BERN
BUCHDRUCKEREI K. J. WYSS
1905

아인슈타인의 박사 학위 논문 표지(출처:
AnotherBioFluid/Wikimedia Commons)

특수상대성이론 _ 관찰자의 시간이 다르게 흐른다

정교수　아인슈타인의 일반상대성이론으로 들어가기 전에 아인슈타인의 특수상대성이론을 이야기할 필요가 있어.

아인슈타인의 특수상대성이론 논문은 1905년에 발표되었다네. 이 논문에서 그는 빛의 속도 c가 관찰자에 따라 달라지지 않는다는 광속 불변의 원리를 내세우지. 이를 이용해 일정한 속도로 움직이는 관찰자의 좌표와 정지해 있는 관찰자의 좌표 사이에 로런츠 변환이라는 관계가 성립함을 알아냈어. 또한 이 과정에서 움직이는 관찰자의 시간과 정지해 있는 관찰자의 시간이 다르게 흐르는 것을 발견했지. 식으로 한번 설명해 볼게.

정지해 있는 관찰자가 자신의 시간이 t일 때 어떤 물체의 위치를 (x, y, z)로 기록했다고 하자. 또한 일정한 속도 v로 x축 방향으로 움직이는 관찰자는 자신의 시간이 t'일 때 이 물체의 위치를 (x', y', z')으로 기록했다고 하자. 그러면 두 관찰자의 좌표 사이에는 다음과 같은 로런츠 변환이 성립한다.

$$x' = \gamma \left(x - vt \right)$$

$$y' = y$$

$$z' = z$$

$$t' = \gamma \left(t - \frac{v}{c^2} x \right) \qquad (2\text{-}2\text{-}1)$$

여기서

$$\gamma = \frac{1}{\sqrt{1 - \dfrac{v^2}{c^2}}} \qquad (2\text{-}2\text{-}2)$$

이다.

물리군　정지해 있는 관찰자와 움직이는 관찰자의 시간이 달라지는군요.

　　　　　세상에서 가장 쉬운 과학 수업 일반상대성이론

정교수 맞아. 뉴턴의 물리학과 달리 아인슈타인의 특수상대성이론에서는 시간도 독립적인 변수지. 그러니까 정지해 있는 관찰자의 시간 간격과 움직이는 관찰자의 시간 간격이 달라. 아인슈타인은 정지해 있는 관찰자의 시간 간격을 $(\Delta t)_0$, 속도 v로 움직이는 관찰자의 시간 간격을 $(\Delta t)_v$라고 할 때

$$(\Delta t)_0 = \frac{(\Delta t)_v}{\sqrt{1 - \dfrac{v^2}{c^2}}} \tag{2-2-3}$$

라는 것을 알아냈지. 여기서

$$(\Delta t)_0 \geq (\Delta t)_v$$

일세.

4차원 시공간 _ 시간과 공간을 함께 묘사하는 새로운 기하학

정교수 아인슈타인의 특수상대성이론이 나온 후 물리학자들은 시간과 공간을 함께 묘사하는 새로운 기하학에 관심을 가지기 시작했어. 수학자이자 물리학자인 푸앵카레가 처음으로 이러한 생각을 드러냈지.

푸앵카레(Jules Henri Poincaré, 1854~1912)

푸앵카레는 프랑스 낭시에서 태어났다. 그의 아버지 레옹 푸앵카레(1828~1892)는 낭시 대학의 의학 교수였다.

디프테리아에 걸려 고생했던 어린 시절, 푸앵카레는 어머니에게 가르침을 받았다. 1862년에는 낭시의 리세(Lycée)[2]에 입학해 11년 동안 공부했다. 그는 작문에 재능이 있었고, 선생님이 그를 '수학의 괴물'이라고 묘사할 정도로 수학 실력 또한 뛰어났다. 제일 못하는 과목은 음악과 체육이었다.

---

2) 우리나라의 초중고를 합친 교육기관

세상에서 가장 쉬운 과학 수업 일반상대성이론

낭시에 있는 앙리 푸앵카레의 생가
에 걸린 명판(출처: Marek BLAHUŠ/
Wikimedia Commons)

1873년 푸앵카레는 에콜 폴리테크니크에 최우수 성적으로 입학해 수학을 공부했으며, 이듬해 첫 번째 논문 〈표면 지표의 새로운 특성에 대한 시범〉을 발표했다.

그는 1875년에 대학 졸업 후 광업 학교에 입학해 광산공학을 전공하고 1879년에 광산 엔지니어 학위를 받았다. 그 후 프랑스 북동부 브줄 지역 광산 검사관으로 일하면서 광산재해 현장을 조사했다.

동시에 푸앵카레는 샤를 에르미트 교수의 지도 아래 수학 박사 학위를 준비했다. 그의 박사 학위 논문은 미분방정식 분야였다. 그는 미분방정식의 성질을 연구하는 새로운 방법을 고안해 이것을 기하학과 접목했다. 또한 자신의 연구가 태양계 여러 천체의 운동을 묘사하는 데 사용될 수 있다는 것을 알아냈다.

수학 박사 학위를 받은 후, 푸앵카레는 노르망디 지역의 캉 대학에서 강사로 일하다가 1883년에 에콜 폴리테크니크의 수학과 교수가 되었다. 그는 1912년 58세의 나이에 색전증으로 사망했다.

물리군   푸앵카레의 업적은 뭐죠?

정교수   시간과 공간을 합친 것을 시공간이라고 부르는데, 푸앵카레가 이 개념을 처음 도입했지.

　푸앵카레는 공간 좌표 (x, y, z)와 시간 좌표 t를 어떻게 연결할 것인가를 고민했다. 2차원 공간에서 원점과 점 (x, y) 사이의 거리의 제곱은

$$x^2 + y^2$$

이고, 3차원 공간에서 원점과 점 (x, y, z) 사이의 거리의 제곱은

$$x^2 + y^2 + z^2$$

이다. 1905년 푸앵카레는 4차원 시공간에서 네 번째 좌표를 ict로 도입하면, 원점과 4차원 공간에서의 한 점 (x, y, z, t) 사이의 거리를 L이라고 할 때

$$L^2 = x^2 + y^2 + z^2 + (ict)^2 \tag{2-3-1}$$

으로 주어져야 한다고 생각했다. 식 (2-3-1)은

$$L^2 = x^2 + y^2 + z^2 - c^2 t^2 \tag{2-3-2}$$

으로 쓸 수 있는데, 이렇게 정하면 거리가 로런츠 변환에 대해 변하지 않는 것을 알 수 있다.

푸앵카레의 논문은 아인슈타인의 논문보다 3개월 앞서 발표되었지만, 푸앵카레도 로런츠처럼 로런츠 변환을 잘못 해석했기 때문에 이 논문을 특수상대성이론의 논문으로 볼 수는 없다.[3]

물리군   그런 역사가 있었군요.

정교수   이제 푸앵카레의 연구를 아인슈타인의 논문에 맞춰서 설명해 볼게.

아인슈타인의 논문에 따른다면 4차원에서 원점과 물체 사이의 거리는 움직이는 관찰자나 정지해 있는 관찰자나 똑같이 측정해야 한다. 그런데 두 관찰자의 시공간 좌표 사이에는 로런츠 변환 (2-2-1)의 관계가 있으므로 우리가 흔히 알고 있는 거리는 두 관찰자에게 다르게 측정된다. 즉,

$$x'^2 + y'^2 + z'^2 \neq x^2 + y^2 + z^2$$

이다.

푸앵카레의 시공간에서 두 점 사이의 거리의 제곱은 두 관찰자에게 동일하게 측정된다. 즉

$$x'^2 + y'^2 + z'^2 - c^2 t'^2 = x^2 + y^2 + z^2 - c^2 t^2 \qquad \text{(2-3-3)}$$

이다. 이것은 다음과 같이 간단하게 증명할 수 있다.

3] 일부 물리학자들은 특수상대성이론의 창시자로 푸앵카레를 꼽는다.

$$x'^2 - c^2 t'^2 = \gamma^2 (x - vt)^2 - c^2 \gamma^2 \left(t - \frac{v}{c^2} x \right)^2$$

$$= \gamma^2 \left[(x - vt)^2 - c^2 \left(t - \frac{v}{c^2} x \right)^2 \right]$$

$$= \gamma^2 \left(x^2 - 2vxt + v^2 t^2 - c^2 t^2 + 2vxt - \frac{v^2}{c^2} x^2 \right)$$

$$= \gamma^2 \left(1 - \frac{v^2}{c^2} \right) (x^2 - c^2 t^2)$$

$$= x^2 - c^2 t^2$$

또한 $y' = y$이고, $z' = z$이므로 식 (2-3-3)이 성립한다.

정교수   4차원 시공간 연구로 유명한 두 번째 물리학자는 민코프스키
야. 그의 일생을 먼저 소개하겠네.

민코프스키는 러시아 제국의 일부
였던 폴란드 왕국 수바우키주 알렉소
타스 마을의 유대인 가정에서 태어났
다. 러시아 제국의 유대인 박해를 피
하기 위해 민코프스키의 가족은 1872
년에 쾨니히스베르크로 이사했다. 그
곳에서 그의 아버지는 헝겊 수출과 태

민코프스키(Hermann Minkowski,
1864~1909)

세상에서 가장 쉬운 과학 수업 일반상대성이론

엽 장치 장난감 제조하는 일을 했다.

1883년 쾨니히스베르크 대학(알베르티나)에 재학 중이던 민코프스키는 이차형식 이론에 관한 원고로 프랑스 과학 아카데미의 수학상을 수상했다. 당시 그의 나이는 18세였다. 쾨니히스베르크 대학에서 공부한 그는 1885년 페르디난트 폰 린데만의 지도하에 박사 학위를 받았다.

민코프스키는 본 대학(1887~1894), 쾨니히스베르크 대학(1894~1896), 취리히 공과대학(1896~1902)에서 강의를 했고, 1902년부터 1909년 사망할 때까지 괴팅겐 대학의 교수를 역임했다. 그가 취리히 공과대학 교수였을 때 아인슈타인이 바로 그의 제자였다. 민코프스키는 주로 고차원 기하학을 연구했고, 1896년에 정수론의 문제를 해결하는 기하학적 방법인 수의 기하학을 창시했다.

물리군   민코프스키는 시공간에 대해 어떤 연구를 했나요?

정교수   1908년 민코프스키는 아인슈타인과 푸앵카레의 논문으로부터 4차원 시공간에서 벡터를 어떻게 정의해야 하는지 알아냈어.

민코프스키는 4차원 시공간 좌표 (x, y, z, t)가 3차원 벡터 $\vec{r} = (x, y, z)$와 스칼라양인 시간 t의 결합이듯이, 4차원 시공간에서 벡터는 네 개의 성분을 가지며 그중 세 개는 기존의 벡터양과 관련되고 다른 하나는 스칼라양에 대응한다고 생각하게 되었다. 예를 들어 4차원 운동량 벡터는 3차원 운동량 벡터의 세 성분과 스칼라양인 에너지로 이루어진 4개의 성분을 갖는 양으로 정의된다는 것이다. 민코프스키는 4차원 시공간 벡터를 4-벡터라고 불렀다.

그는 4차원 시공간에서 두 점

$$P(x, y, z, t)$$
$$Q(x + \Delta x,\ y + \Delta y,\ z + \Delta z,\ t + \Delta t)$$

를 생각했다.

또한 푸앵카레와 다르게 두 점 사이의 거리의 제곱은

$$\Delta s^2 = c^2 \Delta t^2 - \Delta x^2 - \Delta y^2 - \Delta z^2 \tag{2-3-4}$$

으로 정의해야 한다고 보았다.

만일 두 점이 아주 가까이 붙어 있다면 식 (2-3-4)는

$$ds^2 = c^2 dt^2 - dx^2 - dy^2 - dz^2 \tag{2-3-5}$$

이 된다. 이때 ds를 불변 시공간 간격이라고 부른다. 이것을 위치벡터 $\vec{r}$의 미분인 $d\vec{r}$로 표현하면

$$ds^2 = c^2 dt^2 - d\vec{r} \cdot d\vec{r} \tag{2-3-6}$$

이다. 식 (2-3-6)은

$$ds^2 = dt^2 \left(c^2 - \frac{d\vec{r}}{dt} \cdot \frac{d\vec{r}}{dt} \right)$$

라고 쓸 수 있고, $\dfrac{\vec{dr}}{dt} = \vec{v}$ 는 속도이므로

$$ds^2 = dt^2(c^2 - v^2) \qquad\qquad (2\text{-}3\text{-}7)$$

이 된다. 여기서

$$v^2 = \vec{v} \cdot \vec{v}$$

로 속도의 제곱이다.

민코프스키는 정지한 관찰자에 대해 식 (2-3-7)에서

$$ds = cdt$$

가 나오는 사실로부터 새로운 불변 시간 τ를 다음과 같이 정의했다.

$$ds = cd\tau \qquad\qquad (2\text{-}3\text{-}8)$$

불변 시공간 간격 ds가 정지해 있는 관찰자나 등속도로 움직이는 관찰자에게 동일하게 측정되므로 $d\tau$ 역시 정지해 있는 관찰자나 등속도로 움직이는 관찰자에게 동일하게 측정된다.[4] 민코프스키는 특수상대성이론을 적용하면 정지한 관찰자와 움직이는 관찰자는 서로 다른 시간을 재기 때문에 dt 대신 $d\tau$를 시간 간격으로 써야 한다고 생각했다. 이때 τ를 불변 시간이라고 부른다.

식 (2-3-7)과 (2-3-8)로부터

---

4) 왜 불변인지는 네이버 카페 〈정완상 교수의 노벨상 – 오리지널 논문 공부하기〉 0002를 보라.

$$d\tau = \frac{1}{c}\sqrt{c^2 - v^2}\,dt$$

또는

$$d\tau = \frac{1}{\gamma}\,dt \qquad\qquad\qquad (2\text{-}3\text{-}9)$$

가 된다.

1908년 9월 21일 제80차 독일 자연과학자총회에서 민코프스키는 '공간과 시간'이라는 주제로 연설을 했다.

제가 여러분 앞에 제시하고자 하는 공간과 시간의 관점은 실험물리학의 토양에서 솟아났습니다. 이제부터 공간과 시간은 각각 그 자체로 한낱 그림자 속으로 사라질 운명에 처해 있으며, 오직 이 둘의 일종의 결합만이 독립적인 실체를 보존할 것입니다.

– 민코프스키

아인슈타인의 새로운 규칙 _합의 기호 생략

정교수　여기서는 4차원 시공간 좌표에 대한 아인슈타인의 새로운 규칙을 알아보기로 하지.

아인슈타인은 시간과 공간의 좌표 대신에 다음과 같은 기호를 도입했다.

$$x^0 = ct$$

$$x^1 = x$$

$$x^2 = y$$

$$x^3 = z$$

민코프스키의 4차원 벡터 개념에 의해 4차원 시공간에서의 한 점을 나타내는 4-벡터는

$$X = (x^0, x^1, x^2, x^3) \qquad\qquad (2\text{-}4\text{-}1)$$

으로 나타낼 수 있고 4-벡터는 네 개의 성분을 가진다.[5] 아인슈타인은 또 다른 4-벡터

---

5) 4-벡터는 벡터 표기를 하지 않고 주로 대문자를 써서 나타낸다.

$$X' = (x_0,\ x_1,\ x_2,\ x_3) \qquad\qquad (2\text{-}4\text{-}2)$$

을 도입했고, 4-벡터 X의 크기를 $\|X\|$라고 할 때

$$\|X\|^2 = X' \cdot X$$

로 정의했다. 그러므로

$$\|X\|^2 = (x_0,\ x_1,\ x_2,\ x_3) \cdot (x^0,\ x^1,\ x^2,\ x^3)$$

$$= x_0 x^0 + x_1 x^1 + x_2 x^2 + x_3 x^3$$

이다. 한편

$$\|X\|^2 = c^2 t^2 - x^2 - y^2 - z^2 \qquad\qquad (2\text{-}4\text{-}3)$$

이므로

$$x_0 = x^0 = ct$$

$$x_1 = -x^1 = -x$$

$$x_2 = -x^2 = -y$$

$$x_3 = -x^3 = -z \qquad\qquad (2\text{-}4\text{-}4)$$

가 된다.

식 (2-4-3)을 합의 기호를 이용해서 쓰면 다음과 같다.

세상에서 가장 쉬운 과학 수업 일반상대성이론

$$\| X \|^2 = \sum_{a=0}^{3} x_a x^a \qquad\qquad (2\text{-}4\text{-}5)$$

아인슈타인은 4차원 시공간에서 4-벡터에 대한 복잡한 수식을 계산해야 하므로 시간을 줄이기 위해 합의 기호를 생략하자고 주장했다. 즉,

$$\sum_{a=0}^{3} x_a x^a$$

에서 합의 기호를 빼고

$$x_a x^a$$

라고 쓰기로 약속했다. 또한 같은 첨자가 두 번 나오면 그 첨자에 대한 0부터 3까지의 합의 기호가 생략된 것으로 간주하자고 주장했다. 그런데

$$\sum_{a=0}^{3} x_a x^a = \sum_{b=0}^{3} x_b x^b$$

이므로

$$x_a x^a = x_b x^b$$

로 쓸 수 있다. 즉, 두 번 나오는 첨자는 어떤 문자를 사용해도 같은 값을 나타낸다. 따라서

$$\| X \|^2 = x_a x^a \qquad\qquad (2\text{-}4\text{-}6)$$

이다. 예를 들어

$$x_a x_b x^a x^b = x_a x^a x_b x^b$$

$$= \| X \|^2 \| X \|^2$$

$$= \| X \|^4$$

이 된다.

이제 다음과 같이 써보자.

$$x_0 = \eta_{00} x^0 + \eta_{01} x^1 + \eta_{02} x^2 + \eta_{03} x^3$$

$$x_1 = \eta_{10} x^0 + \eta_{11} x^1 + \eta_{12} x^2 + \eta_{13} x^3$$

$$x_2 = \eta_{20} x^0 + \eta_{21} x^1 + \eta_{22} x^2 + \eta_{23} x^3$$

$$x_3 = \eta_{30} x^0 + \eta_{31} x^1 + \eta_{32} x^2 + \eta_{33} x^3 \qquad (2\text{-}4\text{-}7)$$

이것과 식 (2-4-4)를 비교하면

$$\eta_{00} = 1 \quad \eta_{01} = 0 \quad \eta_{02} = 0 \quad \eta_{03} = 0$$

$$\eta_{10} = 0 \quad \eta_{11} = -1 \quad \eta_{12} = 0 \quad \eta_{13} = 0$$

$$\eta_{20} = 0 \quad \eta_{21} = 0 \quad \eta_{22} = -1 \quad \eta_{23} = 0$$

세상에서 가장 쉬운 과학 수업 일반상대성이론

$$\eta_{30} = 0 \quad \eta_{31} = 0 \quad \eta_{32} = 0 \quad \eta_{33} = -1$$

이 된다. 이때 식 (2-4-7)을 다음과 같이 쓸 수 있다.

$$x_a = \eta_{ab} x^b \tag{2-4-8}$$

그러므로

$$\| X \|^2 = \eta_{ab} x^a x^b \tag{2-4-9}$$

로 나타낼 수 있다. 이때 η_{ab}를 민코프스키 계량이라고 부른다.

마찬가지로 다음과 같이 쓰자.

$$x^0 = \eta^{00} x_0 + \eta^{01} x_1 + \eta^{02} x_2 + \eta^{03} x_3$$

$$x^1 = \eta^{10} x_0 + \eta^{11} x_1 + \eta^{12} x_2 + \eta^{13} x_3$$

$$x^2 = \eta^{20} x_0 + \eta^{21} x_1 + \eta^{22} x_2 + \eta^{23} x_3$$

$$x^3 = \eta^{30} x_0 + \eta^{31} x_1 + \eta^{32} x_2 + \eta^{33} x_3 \tag{2-4-10}$$

이것과 식 (2-4-4)를 비교하면

$$\eta^{00} = 1 \quad \eta^{01} = 0 \quad \eta^{02} = 0 \quad \eta^{03} = 0$$

$$\eta^{10} = 0 \quad \eta^{11} = -1 \quad \eta^{12} = 0 \quad \eta^{13} = 0$$

$$\eta^{20} = 0 \quad \eta^{21} = 0 \quad \eta^{22} = -1 \quad \eta^{23} = 0$$

$$\eta^{30} = 0 \quad \eta^{31} = 0 \quad \eta^{32} = 0 \quad \eta^{33} = -1$$

이 된다. 이때 식 (2-4-10)을 다음과 같이 쓸 수 있다.

$$x^a = \eta^{ab} x_b \tag{2-4-11}$$

그러므로

$$\| X \|^2 = \eta^{ab} x_a x_b \tag{2-4-12}$$

로도 나타낼 수 있다. 이때 η^{ab}를 민코프스키 역계량이라고 한다.

따라서 민코프스키 계량을 이용하면

$$ds^2 = c^2 d\tau^2 = \eta_{ab} dx^a dx^b = \eta^{ab} dx_a dx_b \tag{2-4-13}$$

가 된다.

이제 다음과 같이 크로네커 기호를 도입하자.

$$\delta_a^b = \begin{cases} 1 & (a = b) \\ 0 & (a \neq b) \end{cases}$$

예를 들어

$$\delta_0^0 = 1, \quad \delta_0^1 = 0$$

이다.

이때 민코프스키 계량과 민코프스키 역계량은 다음 관계를 만족한다.

세상에서 가장 쉬운 과학 수업 일반상대성이론

$$\eta_{ab}\eta^{bc} = \delta_a^c \qquad\qquad\qquad (2\text{-}4\text{-}14)$$

$a = 1, c = 1$인 경우를 확인해 보자.

$$\eta_{1b}\eta^{b1} = \sum_{b=0}^{3} \eta_{1b}\eta^{b1} = \eta_{10}\eta^{01} + \eta_{11}\eta^{11} + \eta_{12}\eta^{21} + \eta_{13}\eta^{31} = 1 = \delta_1^1$$

물리군   4차원에서 위치는 4-벡터로 나타내잖아요? 그럼 속도도 4-벡터가 되나요?

정교수   물론이야. 4차원에서 속도는 4-속도라고 말하는데 이 또한 4-벡터야. 4-속도를 U라고 하면

$$U = (u^0, u^1, u^2, u^3)$$

으로 나타내지. 4-속도를 정의할 때는 불변 시간을 이용해야 해. 그러니까 4-속도는

$$u^a = \frac{dx^a}{d\tau}$$

로 정의하지.

물리군   4-속도의 0성분 u^0은 무엇을 의미하죠?

정교수   그 의미를 알려면 4-운동량을 정의해야 해. 4-운동량은 물체의 정지질량 m^{6}과 4-속도의 곱으로 정의한다네.

---

6) 아인슈타인의 특수상대성이론에 의하면 움직이는 물체의 질량은 변한다. 물체가 정지해 있을 때의 질량을 정지질량이라고 부른다.

4-운동량 P는

$$P = (p^0, p^1, p^2, p^3)$$

이고,

$$p^a = mu^a = m\frac{dx^a}{d\tau}$$

가 된다. 이때 다음을 알 수 있다.

$$p^0 = m\frac{dx^0}{d\tau} = m\frac{dx^0}{dt}\frac{dt}{d\tau} = m\gamma\frac{dx^0}{dt} = \gamma mc$$

$$p^1 = m\frac{dx^1}{d\tau} = m\frac{dx^1}{dt}\frac{dt}{d\tau} = m\gamma\frac{dx^1}{dt} = \gamma m\frac{dx}{dt}$$

$$p^2 = m\frac{dx^2}{d\tau} = m\frac{dx^2}{dt}\frac{dt}{d\tau} = m\gamma\frac{dx^2}{dt} = \gamma m\frac{dy}{dt}$$

$$p^3 = m\frac{dx^3}{d\tau} = m\frac{dx^3}{dt}\frac{dt}{d\tau} = m\gamma\frac{dx^3}{dt} = \gamma m\frac{dz}{dt}$$

아인슈타인은 1905년 논문에서 정지질량이 m인 물체가 속도 v로 움직일 때 물체의 에너지는

$$E = \gamma mc^2$$

이라는 것을 알아냈다. 그러므로

$$p^0 = \frac{E}{c}$$

가 된다. 즉, 4-운동량의 0번째 성분은 에너지에 비례하는 값이다.

따라서 4차원 시공간에서의 뉴턴 방정식은 4-힘을

$$F = (f^0, \, f^1, \, f^2, \, f^3)$$

이라고 할 때,

$$f^a = \frac{dp^a}{d\tau} = m\frac{d^2x^a}{d\tau^2}$$

이 된다.

세 번째 만남

•

아인슈타인의 등가원리

질량에 관하여 _ 관성질량과 중력질량

정교수 1905년에 아인슈타인이 특수상대성이론을 발표했을 때 많은 물리학자는 상대성이론을 두고 상식을 깨는 것이라며 회의적인 반응을 보였어. 반대로 스위스 소도시의 공무원이 발표한 특수상대성이론에 깊은 관심을 보인 위대한 학자들도 있었지.

프랑스 소르본 대학 총장인 수학자 푸앵카레는 아인슈타인의 특수상대성이론이 옳다는 것을 많은 과학자에게 알리고 있었고, 양자론의 창시자인 독일의 막스 플랑크도 아인슈타인의 상대성이론에 큰 찬사를 보냈다네.

하지만 아인슈타인 자신은 특수상대성이론이 불완전한 이론이라고 생각했어.

물리군 왜죠?

정교수 특수상대성이론은 정지한 관찰자와 일정한 속도로 움직이는 관찰자에 대한 시공간 좌표 사이의 관계야. 그것이 바로 로런츠 변환이지. 아인슈타인은 움직이는 관찰자가 정지한 관찰자에 대해 가속하는 경우를 고려해야만 보다 일반적인 상대성이론을 만들 수 있다고 보았어. 그 일은 시간이 상당히 오래 걸리는 작업이었지. 이를 위해 아인슈타인은 갈릴레이와 뉴턴의 연구 결과를 뒤적거렸어. 그리고 두 종류의 질량 개념을 알게 되었지.

물리군 질량이 두 종류라고요?

정교수 그래. 관성질량과 중력질량의 두 가지야.

물리군 두 질량의 차이는 뭔가요?

정교수 어떤 물체에 힘 F를 작용했더니 물체의 가속도가 a가 되었다면 이 물체의 질량은 어떻게 구하지?

물리군 뉴턴의 운동법칙에 의해

$$F = ma$$

이니까

$$m = \frac{F}{a}$$

가 돼요.

정교수 맞아. 이 질량을 관성질량이라고 해. 관성과 관련이 있거든. 예를 들어 일정한 힘이 두 물체에 작용했는데 하나는 가속도가 크고 다른 하나는 가속도가 작다고 가정해 볼까? 그러면 가속도가 큰 물체의 질량은 가속도가 작은 물체의 질량보다 작아야 해. 관성은 운동 상태의 변화를 싫어하는 성질이니까 질량이 클수록 속도 변화가 작아. 즉, 관성이 클수록 가속도가 작지. 이렇듯 뉴턴의 운동법칙 $F = ma$에 의해 결정되는 질량을 관성질량이라고 한다네.

물리군 그럼 중력질량은 뭐죠?

정교수 어떤 천체가 물체에 작용하는 중력에 의해 결정되는 질량을 말해. 물체가 천체의 표면 근처에서 자유낙하 하는 경우를 생각해 보게. 이 물체가 천체로부터 받는 중력의 크기를 F라 하고 이때 물체가 가속도 g로 가속된다고 가정하세. 이 가속도를 중력가속도라고 하는데 천체에 따라 달라진다네. 지구에서 g는 9.8m/s^2이고, 달에서의 중력가속도는 지구에서의 중력가속도의 $\frac{1}{6}$ 정도로 작아. 여기서 물체의 중력질량을 m'이라고 하면

$$m' = \frac{F}{g}$$

가 되지.

물리군 중력질량과 관성질량은 어떤 관계가 있나요?

정교수 두 질량은 다른 개념으로부터 나왔지만 그 크기는 같아. 자유낙하 하는 경우를 볼까? 관성질량이 m인 물체가 중력 F를 받아서 중력가속도 g로 낙하하는 경우를 생각해 봐. 뉴턴의 운동법칙에 따라

$$m = \frac{F}{g}$$

이지. 그런데 중력질량의 정의를 이용하면

$$m = \frac{m'g}{g} = m'$$

이 되어 같아지는 거야.

물리군 그렇군요.

낙하 실험의 진실 _ 데소토와 스테빈

정교수 물체의 관성질량과 중력질량이 다르면 같은 거리를 낙하하는 데 걸린 시간은 물체의 두 질량에 의존하게 돼.

물리군 그건 왜죠?

정교수 관성질량이 m인 물체가 낙하하는 경우의 운동방정식은

$$ma = F = (중력) \tag{3-2-1}$$

일세. 여기서 가속도 a는 $\dfrac{dv}{dt}$가 되지. v는 물체의 속도야. 중력질량을 m'이라고 하면 중력은 $m'g$이니까 식 (3-2-1)은

$$ma = m'g$$

또는

$$m\frac{dv}{dt} = m'g$$

로 나타낼 수 있어. 이 식을 적분하면

$$v = \frac{m'}{m}gt \tag{3-2-2}$$

가 되지. 그리고 낙하한 거리를 s라고 하면

$$v = \frac{ds}{dt}$$

가 되어, 식 (3-2-2)는

$$\frac{ds}{dt} = \frac{m'}{m}gt$$

로 쓸 수 있지. 여기서

$$s = \frac{1}{2}\left(\frac{m'}{m}\right)gt^2$$

이므로 시간 t 동안 낙하한 거리는 중력질량과 관성질량의 비에 따라 달라지게 돼. 하지만 실험을 통해 물체가 같은 시간 동안 낙하한 거리는 물체의 질량과 관계없이 같다는 것이 입증되었어.

물리군　갈릴레이가 피사의 사탑에서 한 실험 말이군요?

정교수　여기서 잠깐! 갈릴레이는 그런 실험을 한 적이 없어. 그는 머릿속으로 피사의 사탑에서 질량이 다른 두 물체를 떨어뜨리면 같은 시간 동안 같은 거리를 낙하한다고 생각한 것뿐이라네.

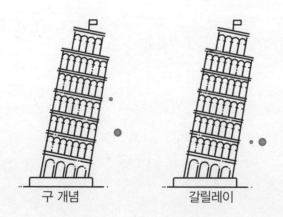

구 개념　　　　　갈릴레이

물리군 그런데 왜 사람들은 갈릴레이가 피사의 사탑에 올라가 직접 두 물체를 떨어뜨린 걸로 알고 있죠?

정교수 갈릴레이의 제자인 빈첸초 비비아니(Vincenzo Viviani)가 갈릴레이의 전기를 쓰면서 그러한 이야기를 적어 놓았거든. 물론 사실이 아니지만 말이야. 그래서 그 전기 내용을 읽은 사람들이 갈릴레이가 직접 낙하 실험을 한 줄 알고 있는 거지.

물리군 거짓 역사였군요. 그럼 당시에 낙하 실험을 한 사람이 아무도 없나요?

정교수 두 명의 과학자가 실험을 했어. 처음 낙하 실험을 한 사람은 스페인의 물리학자인 데소토야.

데소토(Domingo de Soto, 1494~1560, 사진 출처: Vicente Alcober Bosch/ Wikimedia Commons)

데소토는 1494년 스페인의 세고비아에서 태어났다. 그는 알칼라 대학과 파리 대학에서 철학과 신학을 공부했고, 1520년부터 알칼라

대학의 철학 교수로 일하기 시작했다. 그 후 1525년에 세고비아 연구소의 변증법 교수가 되었다. 1551년 그는 자유낙하 실험을 통해 자유낙하 하는 물체가 균일하게 가속된다고 제안했다.

두 번째로 자유낙하 실험을 한 사람은 네덜란드의 스테빈이다.

스테빈(Simon Stevin; 1548~1620)

스테빈은 운하로 유명한 아름다운 도시 브루게[7]에서 태어났다. 그는 벨기에의 안트베르펜에서 상점 점원으로 일하다가, 1581년 나이 서른셋에 라틴 학교에 입학하기 위해 네덜란드의 레이던으로 이사했다. 그는 서른다섯 살 때 레이던 대학에 입학했다. 당시 학교 생활을 하며 모리스 왕자와 친분을 쌓았고, 졸업 후에 군대의 보급과 재정을 책임지는 사람이 되었다.

---

7) 지금은 벨기에에 속하지만 당시에는 네덜란드의 땅이었다.

1585년 스테빈은 사람들이 돈을 빌릴 때 내는 이율이 $\frac{1}{11}$ 과 같이 계산하기에 불편한 분수인 것이 맘에 들지 않았다. 그는 이율을 나타내는 분수의 분모가 10, 100, 1000 등과 같이 주어져야 한다고 주장했다. 그리고 이런 분수를 마치 정수처럼 표시할 수 있는 새로운 표기법을 찾아냈는데 그것이 바로 최초의 소수 표현이다. 그는 이 내용을 《10분의 1에 관하여》라는 책에 수록했다.

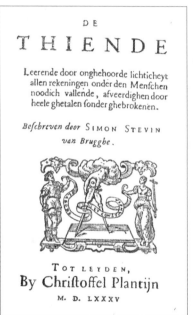

《10분의 1에 관하여》의 표지

이 책에서 스테빈은 소수의 표현과 계산에 대해 체계적인 내용을 담았다. 예를 들어 분수 $\frac{13}{100}$ 을 1①3②라고 썼는데 이를 지금의 표현으로 하면 0.13이다. 즉, 1①은 소수 첫째 자리 숫자가 1임을, 3②는 소수 둘째 자리 숫자가 3임을 나타낸다. 이런 식으로 하면 분수 $\frac{678}{1000}$ 은 6①7②8③이 되는데 지금의 표현으로는 0.678 이다.

스테빈은 기존의 이율이 $\frac{1}{11}$ 과 같은 경우도 근사적으로 소수로 표현하는 방법을 알아냈다. 그는 $\frac{1}{11}$ 과 $\frac{9}{100}$ 가 거의 비슷하므로 $\frac{9}{100}$ 를 0①9②로 나타냈다. 여기서 0①은 소수 첫째 자리 숫자가 0임을 뜻한다. 이것을 현재의 표기법으로 나타내면 0.09이다.

스테빈의 소수 표현은 1보다 작은 수에 대해 어떤 수가 더 큰지 비교하기 쉽다는 장점이 있었다. 예를 들어 0①9②와 0①0②9③을 보자. 소수 첫째 자리 숫자는 0으로 같으므로 소수 둘째 자리 숫자를 비교해야 한다. 0①9②에서 소수 둘째 자리 숫자는 9이고 0①0②9③에서 소수 둘째 자리 숫자는 0이므로 0①9②가 0①0②9③보다 큰 것을 쉽게 알 수 있다.

하지만 이 소수 표현은 그리 오래가지 못했다. 1617년 수학자 네이피어에 의해 3.25처럼 소수점을 사용하는 지금의 표기법으로 바뀌었기 때문이다.

스테빈은 물리학에도 조예가 깊었는데, 둘 이상의 힘이 한 물체에 작용할 때 평형이 되는 조건을 처음으로 알아냈다. 또한 성을 쌓는 기술을 연구했으며, 물이 부족한 농토에 물을 공급하면서 배를 통해 물품을 이동시킬 수 있는 수로를 설계하기도 했다.

그는 아르키메데스의 연구 내용을 열심히 공부하여 바람에 의해 움직이는 돛이 달린 마차를 만들었다. 이 마차는 사람 28명을 싣고도 달리는 말을 쉽게 앞지를 수 있었다.

돛으로 추진되는 마차

1586년 스테빈은 델프트 신교회의 탑에서 실험하여 무게가 10배 차이 나는 두 물체를 30피트 높이에서 동시에 떨어뜨렸을 때 두 물체가 동시에 떨어진다는 사실을 알아냈다. 이것은 훗날 갈릴레이가 발견한 낙하 법칙보다 18년이나 앞선 것이었다.

델프트 신교회의 탑

등가원리 _ 가속도와 중력장의 세기

정교수   1907년 아인슈타인은 특수상대성이론과 중력을 절충하는 문제를 고민했어. 특수상대성이론은 등속직선운동을 하는 관성계에서만 성립하는 특수한 상대성이론이지. 그는 이 이론을 곡선운동이나 가속도운동처럼 속도가 변하는 비관성계로 일반화할 필요가 있다고 생각했어. 그 내용을 자세히 살펴볼게.

  아인슈타인은 특수상대성이론에서 물체의 운동 속도가 빛의 속도에 비해 아주 작으면 뉴턴 역학의 결과와 일치하는 것을 알고 있었다. 그는 비관성계에서도 성립하는 상대성이론을 찾고자 했고, 이러한 새로운 상대성이론에는 중력이 반드시 포함되어야 한다고 믿었다.
  우주 공간에 어떤 천체가 있으면 그 중심으로부터 같은 거리에 있는 물체는 중력가속도가 같다. 아인슈타인은 이렇게 질량을 가진 천체가 중력을 발휘하는 공간을 중력장, 그 위치에서의 중력가속도의 값을 중력장의 세기라고 불렀다. 그는 가속도와 중력장의 세기 사이에 어떤 관계가 있을 거라고 생각했다. 1907년 11월, 아인슈타인은 다음과 같은 의문을 품었다.

  '어떤 사람이 자유낙하를 한다면 그 사람은 자신의 무게를 느낄 수 없을 거야. 왜 그럴까?'

— 아인슈타인

아인슈타인은 뉴턴 역학의 관성력을 다시 들여다보았다.

물리군　관성력이 뭐죠?

정교수　엘리베이터가 올라가거나 내려갈 때 그 안에서 몸무게를 잰다고 상상해 볼까? 엘리베이터의 속도가 일정하거나 멈추어 있을 때는 몸무게의 변화가 없어. 하지만 엘리베이터가 가속하는 경우에는 달라지지. 엘리베이터의 가속도만큼 내부에 타고 있는 사람도 가속도로 움직이는데 그 가속도에 사람의 질량을 곱한 것을 관성력이라고 불러. 이 힘이 엘리베이터가 가속하는 방향의 반대로 작용해. 만약 엘리베이터가 위로 올라가면서 점점 빨라지면 양의 가속도를 갖는데, 이때 관성력은 아래쪽으로 작용하고 체중계에는 사람의 몸무게와 관성력을 합친 값이 나타나므로 몸무게가 실제보다 더 크게 나온다네. 엘리베이터가 위로 올라가면서 점점 느려지면 음의 가속도를 갖는 경우로, 이때 관성력은 위쪽으로 작용하고 체중계는 사람의 몸무게(아래쪽으로 작용하는 힘)에서 위쪽으로 작용하는 관성력을 뺀 값을 나타내므로 실제 몸무게보다 작은 값을 가리키지.

물리군　수식으로 설명해 주세요.

정교수　엘리베이터가 위로 올라갈 때 가속도를 a라 하고 엘리베이터 속의 저울 위에 있는 물체의 질량을 m이라고 하면 물체는 아래쪽으로 무게 mg라는 힘을 받지. 저울이 물체에 작용한 수직항력을 N으로 나타내면 다음 그림과 같아.

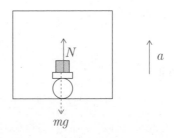

질량 m인 물체에 대해 뉴턴의 운동방정식을 세우면

$$ma = N - mg$$

이므로

$$N = mg + ma \qquad\qquad (3\text{-}3\text{-}1)$$

가 되지. $-ma$는 엘리베이터가 가속하기 때문에 생기는 겉보기 힘인
데 이것을 관성력이라고 한다네. 이때 저울이 물체에 작용한 수직항
력의 반작용이 물체가 저울을 누르는 힘이고 두 힘의 크기는 같아. 저
울에 기록되는 무게는 저울을 누르는 힘을 나타내므로 mg가 아니라
$N = mg + ma$가 되지.

엘리베이터가 위로 올라가면서 점점 빨라지면 a가 양수이므로 저울
을 누르는 힘이 커져서 무게가 무거운 것으로 나타나고, 엘리베이터
가 위로 올라가면서 점점 느려지면 a가 음수이므로 저울을 누르는 힘
이 작아져서 무게가 가벼운 것으로 나타나는 거야.

물리군 엘리베이터가 내려가는 경우는 어떻게 되나요?

세상에서 가장 쉬운 과학 수업 일반상대성이론

정교수 다음 그림과 같이 엘리베이터가 아래로 내려갈 때 가속도가
a라고 해 볼까?

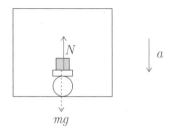

엘리베이터가 내려가면서 점점 빨라질 때의 가속도를 양수, 점점 느
려질 때의 가속도를 음수라고 하세. 여기서 질량 m인 물체에 대해 뉴
턴의 운동방정식을 세우면

$$ma = mg - N$$

이므로

$$N = mg - ma \tag{3-3-2}$$

가 되지. 이때 저울에 기록되는 무게는 저울을 누르는 힘을 나타내므
로 mg가 아니라

$$N = mg - ma \tag{3-3-3}$$

가 돼. 그러니까 엘리베이터가 아래로 내려가면서 점점 빨라지면 a가

양수이므로 저울을 누르는 힘이 작아져서 무게가 가벼운 것으로 나타나고, 엘리베이터가 아래로 내려가면서 점점 느려지면 a가 음수이므로 저울을 누르는 힘이 커져서 무게가 무거운 것으로 나타나지. 극단적으로 엘리베이터의 줄이 끊어져 자유낙하 한다면 $a = g$가 돼. 그러니까

$$N = 0 \tag{3-3-4}$$

이지. 이때 물체는 저울과 떨어져 둥둥 떠 있고 저울에 기록되는 무게는 0일 거야.

만약 우리가 아래로 내려가면서 점점 빨라지는 방에 살고 있으면 우리는

$$N = mg' \tag{3-3-5}$$

으로 주어지는 새로운 중력장의 세기 g'을 가진다고 여기게 돼. 그러면 식 (3-3-3)으로부터

$$g' = g + (-a) \tag{3-3-6}$$

이지. 아인슈타인은 이렇게 방의 가속도가 새로운 중력장의 세기를 만들어 낸다고 생각했네. 만일 방이 자유낙하 한다면 이 방에서의 중력장의 세기 g'은

$$g' = 0$$

으로 볼 수 있어. 이것이 바로 무중력 상태를 나타낸다네. 즉, 아인슈타인의 생각대로 사람이 자유낙하 하면 그 사람은 0이라는 무게를 느끼는 거지.

다음 그림은 낙하하는 상자 안에서 사람, 사람의 손 위 가까이에 야구공, 사과 2개가 일정한 간격으로 떨어지는 모습을 그린 걸세.

지상 관측자

아인슈타인은 이렇게 가속하는 공간에 있으면 가속도가 새로운 중력장의 세기를 만들 수 있다고 여겼지. 이 사실로부터 그는 다음과 같은 원리를 발견했어.

중력장의 세기와 가속도는 동등하다.

그리고 1907년 12월에 논문으로 발표했는데 이 원리를 등가원리라고 불러.

중력 만들기 _ 무중력 상태와 새로운 중력장

물리군   자유낙하 하면 무중력을 경험하는군요.

정교수   그렇지. 일상생활에서 무중력 상태를 느껴보는 방법은 놀이동산에 가서 자이로드롭을 타는 거야. 자이로드롭을 타면 일정 시간 동안 자유낙하를 체험할 수 있지.

우주 비행사에게 무중력을 훈련시키는 방법 중 하나는 제트기를 타고 고공에 올라가서 엔진을 끄고 중력만으로 낙하하게 하는 것이다. 이때 우주 비행사는 약 30초쯤 무중력을 느낄 수 있다.

하지만 뭐니 뭐니 해도 사람이 무중력 상태를 가장 잘 느낄 수 있는 방법은 낙하산을 타는 것이다. 비행기를 타고 높이 올라가 낙하산을 메고 뛰어내리면 낙하산을 펴기 전까지는 자유낙하 하면서 무중력 상태를 직접 경험할 수 있다.

물리군   거꾸로 가속도가 새로운 중력장을 만들 수도 있겠네요.

정교수   맞아. 우주 공간은 무중력 상태야. 간혹 우주정거장 미르에 있는 우주 비행사의 행동을 관찰하면 허공에 둥둥 떠다니는 모습을 볼 수 있지. 무중력 상태는 중력이 없으므로 중력에 의한 가속도가 생기지 않아.

만일 로켓에 엘리베이터를 연결한 뒤 로켓이 일정한 속도로 여행하면 엘리베이터 안에 있는 사람은 무중력 상태를 경험할 거야. 일정한 속도로 움직이니까 가속도가 0이어서 새로운 중력장의 세기가 생기지 않거든. 이때 엘리베이터 안의 사람은 둥둥 떠다니겠지. 하지만 로켓이 가속하면 상황은 달라져. 로켓에 매달린 엘리베이터의 가속도가 새로운 중력장을 만들고 엘리베이터 안의 사람은 새로운 중력하에서 바닥에 붙어 있을 수 있어.

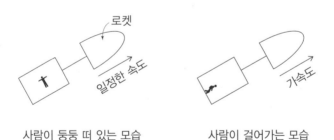

사람이 둥둥 떠 있는 모습   사람이 걸어가는 모습

우주 공간에서도 중력을 쉽게 만들 수 있어. 스페이스 콜로니는 우주 공간에서 빙글빙글 돌면서 구심가속도를 만든다네. 그러니까 등가원리에 의해 새로운 중력장을 형성하지. 이 중력장 때문에 사람들이 지

구에서처럼 생활할 수 있는 우주 도시가 되는 거야.

스페이스 콜로니

스페이스 콜로니의 내부

물리군 와우! 정말 신기해요.

1908~1915년의 아인슈타인 _강의와 연구 경력

정교수　이제 1908년부터 1915년 사이 아인슈타인의 일반상대성이론 연구가 어떻게 진행되었는지 알아볼 거야. 특수상대성이론과 등가원리를 발견한 아인슈타인은 우주를 지배하는 방정식을 찾고자 했지. 우선 이 기간 동안 그의 경력을 살펴볼게.

　1908년은 아인슈타인에게 큰 의미가 있는 해였다. 특허국 공무원이었던 그는 안식년을 얻어 베른 대학에서 첫 강의를 할 수 있었다. 아인슈타인은 베른 대학에 시간강사로 지원했고 이것이 받아들여져 마침내 교단에 서게 된 것이다. 비록 대학에 연구실과 실험실을 갖는 정식 교수는 아니었으나, 공무원 신분의 그가 베른 대학의 시간강사가 된 것은 놀랄 만한 일이었다.

베른 대학

세 번째 만남 _ 아인슈타인의 등가원리

특수상대성이론으로 일부 과학자들 사이에서 유명해졌지만, 당시 대부분의 학생들에게 특수상대성이론이나 아인슈타인이라는 이름은 생소했다. 따라서 이 위대한 학자의 강의를 신청한 학생은 겨우 몇 명이었고, 강사료도 얼마 되지 않는 소액에 불과했다.

유럽에서 열리는 학회에 참가한 많은 물리학자들은 아인슈타인과 같이 앞날이 창창한 물리학자를 베른 대학의 시간강사로 두기에는 아깝다는 목소리를 냈다. 드디어 아인슈타인에게 기다리고 기다리던 교수의 길이 열렸다. 1909년 10월 15일, 아인슈타인은 스위스 취리히 대학의 물리학과 교수로 취임했다. 그리고 역학, 전자기, 열물리 등을 강의하게 된다. 이때부터 그의 생활은 조금씩 나아지기 시작한다.

취리히 대학
(출처: Juerg.hug
/Wikimedia
Commons)

취리히 대학에서 3년이 지난 1911년 봄, 아인슈타인은 더 많은 월급을 제시한 프라하의 샤를-페르디난트 대학으로 자리를 옮겼다. 이 대학은 14세기에 세워진 600년의 전통이 있는 곳이었다. 체코의 프

세상에서 가장 쉬운 과학 수업 일반상대성이론

라하는 조용하고 아름다운 옛 도시였다.

아인슈타인은 이곳에서 일반상대성이론의 아이디어를 떠올리고 본격적인 연구에 착수했다. 그는 프라하에 머무는 동안 11편의 논문을 썼다.

샤를—페르디난트 대학
(출처: VitVit/Wikimedia
Commons)

1912년 7월에 아인슈타인은 취리히에 있는 모교로 돌아왔다. 1914년까지 그는 취리히 연방 공과대학의 이론물리학 교수로 재직하면서 분석역학과 열역학을 가르쳤다. 또한 연속체 역학, 열 분자 이론, 중력 문제를 수학자이자 친구인 마르셀 그로스만과 함께 연구했다.

1914년 10월에 '93인의 성명서'[8]가 발표되었을 때, 아인슈타인은 그 내용을 반박하고 평화적인 '유럽인들에게 보내는 성명서'에 서명

---

8) 제1차 세계대전 중 독일의 군국주의와 입장을 정당화하기 위해 다수의 저명한 독일 지식인이 서명한 문서

한 몇 안 되는 독일 지식인 중 한 명이었다.

막스 플랑크와 발터 네른스트는 취리히에 있던 아인슈타인을 방문하여 아카데미에 합류하도록 설득하고, 곧 설립될 카이저 빌헬름 물리학 연구소의 소장직을 제안했다. 1913년 7월 24일, 아인슈타인은 베를린에 있는 프로이센 과학 아카데미의 회원이 되었다. 이듬해 그는 베를린으로 이주했고, 1914년 4월 1일에 베를린 대학 교수가 되었다. 그해 제1차 세계대전이 발발하면서 카이저 빌헬름 물리학 연구소 계획이 미뤄졌으나 1917년 10월 1일에 아인슈타인을 책임자로 하여 설립되었다.

카이저 빌헬름 연구소

등가원리와 빛의 휘어짐 _ 태양계에 적용하다

정교수   아인슈타인의 일반상대성이론은 1907년 등가원리 논문에서 시작해 1919년까지 여러 논문을 발표하면서 완성되었다네. 아인슈타인은 등가원리를 우리가 사는 태양계에 적용하고 싶었어. 이 연구는 1911년에 이루어졌지. 그는 등가원리로부터 태양의 중력장의 영향

세상에서 가장 쉬운 과학 수업 일반상대성이론

때문에 태양 주변으로 향하는 별빛이 휘어질 거라 생각했어. 그리고 계산을 통해 태양 주변의 별빛이 휘어지는 각이 0.83초(0.83″)라는 것을 알아냈네.

물리군 초는 뭔가요?

정교수 각을 나타내는 단위야. 우리가 알고 있는 각의 단위는 '도'인데, 1도를 360으로 나눈 한 각의 크기를 1초라고 불러.

1바퀴 = 360도

1도 = 60분

1분 = 60초

물리군 엄청 작은 각도만큼 휘어지는군요.

정교수 맞아. 1911년 10월, 독일 천문학자 에르빈 프로인틀리히는 베를린에 있는 일식 전문가 찰스 페린을 만나 아인슈타인이 생각한 빛의 휘어짐에 대한 관측을 시도했어.

코르도바에 있는 아르헨티나 국립 천문대 소장인 페린은 1900년, 1901년, 1905년, 1908년 이렇게 네 차례에 걸친 일식 탐사에 참여했다. 프로인틀리히는 페린에게 1912년 10월 10일에 브라질에서 진행되는 일식에 대한 아르헨티나 천문대 프로그램의 일환으로 빛의 휘어짐 관측을 포함할 수 있는지 물었다. 페린은 빛의 휘어짐을 관측하기 위한 특수 장비를 제작해 일식 탐사대를 꾸렸다. 불행히도 탐사대는 폭우로 관측을 할 수 없었다. 같은 해 영국의 에딩턴은 일식을 관찰하기 위해 브라질로 가는 영국 원정대에 참여했지만 다른 측정에 관심이 많아 아인슈타인의 빛의 휘어짐 관측은 시도하지 못했다.

1914년 아르헨티나, 독일, 미국의 일식 탐사대들이 빛의 휘어짐을 관측하는 데 전념했다. 세 명의 소장은 베를린 천문대의 에르빈 프로인틀리히, 릭 천문대의 미국 천문학자 윌리엄 월리스 캠벨, 아르헨티나 국립 천문대의 페린이었다. 세 탐사대는 8월 21일 일식을 관찰하기 위해 러시아 제국의 크림반도로 여행했다. 그러나 그해 7월 제1차 세계대전이 발발했고, 독일은 8월 1일 러시아에 선전포고를 했다. 독일 천문학자들은 고향으로 돌아가거나 러시아군의 포로가 되었다. 미국과 아르헨티나의 천문학자들은 억류되지 않았지만, 일식이 일어나는 동안 구름 때문에 명확한 관측을 할 수 없었다. 허나 이들의 관측 실패는 아인슈타인에게는 행운이었다.

물리군 관측을 못한 게 행운이라고요?

정교수 아인슈타인의 1911년 논문은 틀린 내용이었거든. 당시 그는 일반상대성이론에 대한 아이디어가 부족했기 때문에 태양 주위의 별빛이 휘어지는 각도를 정확하게 계산할 수 없었지.

물리군 그런 역사가 있었군요.

네 번째 만남

·

아인슈타인 방정식

마르셀 그로스만 _ 일반상대성이론 탄생의 조력자

정교수 이번에는 아인슈타인이 일반상대성이론을 만드는 데 큰 도움을 준 친구인 수학자 그로스만을 소개할게.

그로스만(Marcel Grossmann, 1878~1936)

그로스만은 스위스 취리히에서 태어났다. 그의 아버지는 직물 공장을 경영했다. 취리히 연방 공과대학에 입학한 그로스만은 1900년에 졸업 후 기하학자 빌헬름 피들러(Wilhelm Fiedler)의 조수가 되었다. 그는 비유클리드 기하학 연구를 계속했고 7년 동안 고등학교 교사로 일했다. 1902년에 취리히 대학에서 피들러의 지도로 박사 학위를 받았고, 1907년에는 연방 공과대학의 기하학 교수로 임명되었다.

아인슈타인과 그로스만의 우정은 취리히의 학창 시절로 거슬러 올라간다. 그로스만이 연방 공과대학에서 꼼꼼하게 정리한 강의 노트는 많은 수업을 놓친 아인슈타인에게 구원이었다. 그로스만의 아버지는 아인슈타인이 베른에 있는 스위스 특허국에 취직하도록 도왔고, 그로스만은 프라하에 있던 아인슈타인을 취리히 연방 공과대학의 물리학 교수로 데려오기 위해 노력했다.

그로스만은 리만 기하학의 권위자 중 한 명이었다. 아인슈타인에게 리만 기하학을 소개한 사람이 바로 그였는데, 이는 아인슈타인의 일반상대성이론 발전에 결정적인 역할을 했다. 그로스만은 아인슈타인에게 텐서 이론과 크리스토펠 기호, 리치 텐서 등에 대해 알려주었다. 두 사람의 협력은 1913년에 출판된 〈일반화된 상대성이론과 중력이론의 개요〉라는 획기적인 논문으로 이어졌다. 이것은 아인슈타인의 일반상대성이론을 이루는 두 기본 논문 중 하나로 꼽힌다.

일반상대성이론의 등장 _ 우주를 지배하는 완벽한 방정식

정교수 1911년에 등가원리를 이용해 태양 주변의 별빛의 휘어짐을 계산했지만, 아인슈타인은 그런 현상이 나타나는 이유를 정확히 알지 못했어. 여기에서 그는 다시 사고실험을 하지.

물리군 어떤 사고실험이죠?

정교수 투명한 엘리베이터를 한번 생각해 볼까?

엘리베이터 안에서 일정한 속력으로 걸어가는 사람을 밖에서 관찰한다고 할 때, 이 사람은 직선을 따라서 움직이는 걸로 보일 것이다.

이번에는 이 엘리베이터가 가속된다고 하자. 엘리베이터 안에서 일정한 속력으로 걸어가는 사람을 밖에서 보면 다음 그림과 같다.

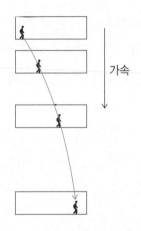

즉, 밖에 있는 사람은 엘리베이터 안의 사람이 포물선을 그리면서 휘어지는 경로로 움직인다고 볼 것이다. 이 사람을 빛이라고 가정하면 빛도 가속도에 의해 휘어진다고 할 수 있다.

아인슈타인은 가속도와 중력장의 세기가 동등하기 때문에 빛의 경로도 중력장의 영향을 받아서 휘어진다고 생각했다.

또한 빛은 우주에서 최단 시간이 걸리는 경로를 여행하는데 그러기 위해서는 최단 거리를 지나야 한다고 보았다. 만일 우주가 평평하다면 두 지점 사이의 최단 거리인 경로는 직선이다. 하지만 우주가 휘어져 있다면 그 경로가 곡선이 될 수 있다. 아인슈타인은 천체들이 가진 중력이 우주를 휘어지게 한다고 여겼다.

물리군 왜 우주가 휘어져 있으면 빛이 휘어져서 가나요?
정교수 그림으로 설명해 볼게.

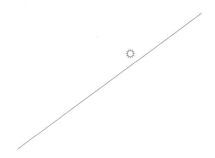

우주가 평평하다면 위 그림처럼 태양 주위를 지나는 빛은 직선을 따라 여행한다. 하지만 태양의 중력이 우주를 휘게 하는 경우를 생각하자. 다음과 같이 종이 가장자리에서 태양의 위치까지 가위로 잘라 보자.

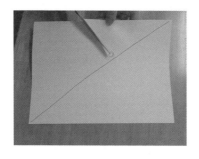

이제 잘라낸 자리의 양쪽을 포개어 풀로 붙여 깔때기 모양을 만들면 태양 주위를 지나는 빛이 커브볼처럼 휘어지는 것을 알 수 있다.

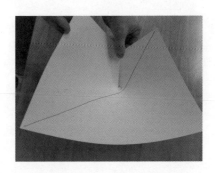

이것은 휘어진 공간에서 두 점 사이의 최단 거리는 직선이 아니라 곡선임을 의미한다. 따라서 이처럼 휜 공간에서는 빛도 같이 휘어져야 할 것이다.

아인슈타인은 자신의 생각을 친구이자 취리히 연방 공과대학 수학과 교수인 그로스만과 의논했다. 그로스만은 우주가 휘어져 있으면 리만 기하학을 적용해야 한다고 주장했다. 그는 아인슈타인에게 리만 기하학을 친절하게 설명해 주었고 두 사람의 공동 연구는 1913년에 발표한 논문으로 결실을 맺었다.

이 논문에서 아인슈타인은 태양 주변 별빛의 휘어지는 각도를 리만 기하학을 이용해 다시 계산했다. 그리고 태양의 중력장 때문에 태양 주변의 별빛이 휘는 각도가 1.75″라는 것을 알아냈다.

하지만 그는 1913년 논문에 만족하지 않았다. 아직 우주를 지배하는 완벽한 방정식을 얻지 못했기 때문이었다.

아인슈타인은 4차원 시공간으로 묘사되는 우주가 중력을 가진 천체들에 의해 휘어지며, 이 천체들을 물질이라고 하면 물질의 중력이 4차원 시공간을 휘어지게 한다고 생각했다. 그는 리만 기하학과 텐서 이론을 이용해 다음과 같은 방정식을 찾아냈다.

(4차원 시공간의 휜 정도) = (물질들의 중력)

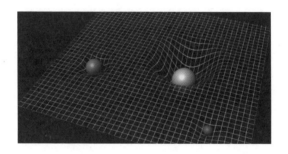

이것이 바로 아인슈타인 방정식이다. 이로써 아인슈타인의 일반상대성이론이 완성되어 1915년과 1916년 사이에 세 편의 논문으로 등장한다.

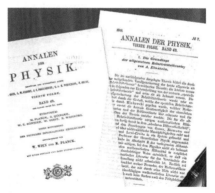

(출처: Mundo de Hacker/Wikimedia Commons)

휘어지는 빛 관측 _ 일반상대성이론의 위대함을 알리다

물리군 아인슈타인의 예언대로 빛이 휘어지는 것이 관측되었나요?

정교수 물론이야. 그 과정을 자세히 소개할게.

태양 주변에서 별빛이 휘어진다면 별의 겉보기 위치와 실제 위치
사이에 차이가 날 것이다.

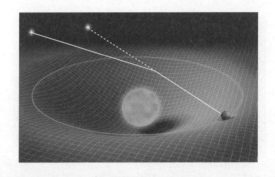

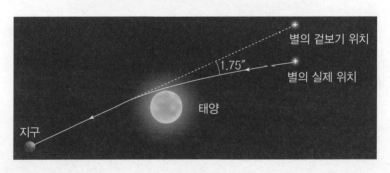

그런데 태양 주변을 지나는 별빛을 관찰하여 별의 겉보기 위치와

실제 위치를 표시하는 것이 태양의 강한 빛 때문에 쉽지 않았다. 그래서 태양이 달에 의해 완전히 가려지는 개기일식 때를 기다려야 했다.

1919년 5월 29일의 개기일식

에딩턴이 이끄는 케임브리지 천문대 팀은 1919년 5월 29일의 개개일식이 일어나는 날의 실험을 위해 서아프리카 기니의 프린시페섬으로 떠났다. 에딩턴은 개기일식이 일어나는 동안 태양 주변에 있는 별들의 사진을 찍고, 시간이 더 흘러 그 별들 사이에 태양이 없을 때 다시 별들의 사진을 찍는 방법을 쓰기로 했다. 지구가 태양 주위를 돌기 때문에 별들 사이에 태양이 보일 때도 있고 보이지 않을 때도 생긴다. 즉, 두 사진을 비교하면 별의 위치가 달라져 있음을 알 수 있다.

태양이 없을 때의 별의 위치가 실제 위치이고, 개기일식 때 찍은 별의 위치는 태양 주변에서 별빛이 휘었으므로 별의 겉보기 위치가 된다. 두 위치 사이의 거리가 부채꼴의 호의 길이에 해당하고, 별까지의 거리는 여러 가지 방법에 의해 구할 수 있는데 이 거리가 부채꼴의 반지름이다. '(부채꼴의 호의 길이)=(반지름)×(중심각)'이므로 부채꼴의 중심각을 구할 수 있다. 이 각도가 바로 별빛이 태양 주변에서 휜 각이다.

1919년 5월 29일 개기일식 때 에딩턴은 아인슈타인이 예언한 빛의 휨을 관측하는 네 성공했다. 그는 태양 주변의 별 7개를 택해 별빛의 휜 각을 계산해 보니 약 1.98″인 것을 알아냈다. 물론 이 결과는 아인슈타인의 계산과 달랐지만 최초로 별빛이 휘어지는 현상을 관측한 일이었다. 그 후 1922년 9월 21일 개기일식 때 영국의 그리니치 천문대 팀이 별 14개를 택하여 휜 각이 1.77″임을, 호주의 빅토리아 팀이 별 18개를 택하여 휜 각이 1.75″임을 알아냈다.

1919년 11월 6일, 에딩턴은 관측 결과를 런던의 왕립 천문학회에 발표했다. 이것은 아인슈타인이 예언한 중력에 의한 빛의 휘어짐을 확인하는 사건이었고, 아인슈타인의 일반 상대성이론의 위대함을 전 세계에 알리는 혁명적인 일이었다.

발표 다음 날 〈런던 타임스〉는 아인슈타인의 일반상대성이론을 '과학의 혁명' '우주의 새 이론' '뉴턴 역학이 깨졌다' 등으로 언급했고, 11월 11일 〈뉴욕 타임스〉는 '하늘 나라의 빛이 모두 휜다' '아인슈타인 이론의 승리' 등으로 아인슈타인의 이론을 격찬했다.

LIGHTS ALL ASKEW IN THE HEAVENS

Men of Science More or Less Agog Over Results of Eclipse Observations.

EINSTEIN THEORY TRIUMPHS

Stars Not Where They Seemed or Were Calculated to be, but Nobody Need Worry.

A BOOK FOR 12 WISE MEN

No More in All the World Could Comprehend It, Said Einstein When His Daring Publishers Accepted It.

〈뉴욕 타임스〉 기사

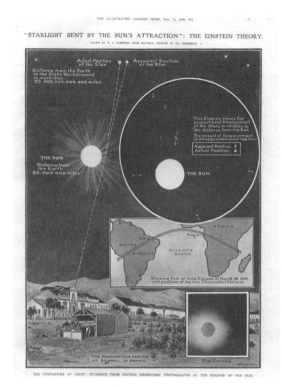

《일러스트레이티드
런던 뉴스》 기사

중력에 의한 시간 지연 _ 중력이 큰 곳에서 시간이 느리게 흐른다

정교수　이제 중력에 따라 시간이 달라지는 현상을 살펴보기로 하세.

　질량이 큰 천체의 중력 때문에 빛이 휜다면 어떤 현상이 생길까?
다음처럼 태양 주변에서 빛이 휘어진다고 하자.

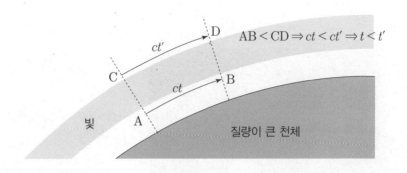

이때 휘어진 빛의 파면을 AC, 휘어짐이 끝난 파면을 BD라고 하면 AB의 길이가 CD의 길이보다 짧다. 그런데 빛의 속도 c는 어떤 상황에서도 같아야 하므로 빛이 AB를 지나갈 때나 CD를 지나갈 때나 그 속도는 일정하다. 빛이 AB를 지나가는 데 걸린 시간을 t라 하고, CD를 지나가는 데 걸린 시간을 t'이라고 하면

(AB의 길이) $= ct$

(CD의 길이) $= ct'$

이 된다. CD의 길이가 더 길기 때문에

$ct < ct'$

이므로

$t < t'$

이다. 즉, 천체에서 가까운 AB를 지날 때 시간이 느리게 흐른다. 천체

세상에서 가장 쉬운 과학 수업 일반상대성이론

로부터 가까운 곳은 먼 곳보다 중력이 더 크므로 중력이 큰 곳에서 시간이 느리게 흐른다고 할 수 있다.

만일 두 사람 중 한 명은 높은 건물의 맨 위층에서, 다른 한 명은 1층에서 평생을 산다면 누가 더 오래 살겠는가? 1층이 지구 중심에 가까우므로 중력이 더 커서 시간이 느리게 간다. 그러나 지구와 같이 중력이 작은 곳에서 1층과 꼭대기 층의 중력 차이에 의한 시간의 느려짐 효과는 피부로 거의 느낄 수 없을 정도이다.

지구도 작은 중력이긴 하지만 중력장을 갖고 있다. 따라서 지구에서도 지구의 중력 때문에 시간이 느리게 가는데, 일반상대성이론을 가지고 그 효과를 계산해 보면 1초에 대해 약 10억분의 1초 정도 느리게 간다. 지구보다 중력이 큰 목성에서는 1초에 대해 약 1000만분의 1초 정도, 태양에서는 약 100만분의 1초 정도 느리게 가며 중력이 아주 센 중성자별에서는 1초에 대해 10분의 1초 정도 느리게 간다.

1970년대에 리지마 연구팀은 해발 차이가 2876m인 두 곳에서 시계의 시간 흐름을 측정하여 일반상대성이론으로 예측한 값과 일치하는 시간 지연 결과를 얻었다. 1976년에 이탈리아 연구팀 역시 두 개의 세슘 원자시계를 활용하여 토리노의 해발 250m 지점과 해발 3500m 지점에서 시간 지연 실험을 실시하였는데 일반상대성이론이 예측한 것과 거의 동일한 값을 구했다. 2010년에는 불과 33cm 높이 차이의 두 원자시계 사이에서 시간 지연 현상이 확인되었다.

수성의 근일점 이동 _ 43초의 비밀을 풀다

정교수　아인슈타인의 일반상대성이론을 설명하는 또 하나의 중요한 현상은 수성의 근일점 이동이야.

물리군　근일점이 뭔가요?

정교수　행성이 태양 주변을 공전할 때 태양에 가장 가까워지는 지점을 말해. 행성은 태양 주변을 원형이 아닌 타원형으로 돌기 때문에 태양에 가장 가까워지는 지점(근일점)과 가장 멀어지는 지점(원일점)이 생기거든.

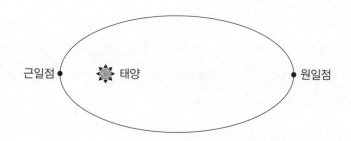

물리군　근일점은 어떻게 이동하나요?

정교수　근일점이 이동하는 것은 정확히 말해 공전궤도가 고정돼 있지 않고 계속 바뀐다는 뜻이야. 수성은 태양에서 가장 가까운 행성으로 태양을 0.24년에 한 바퀴 돌아. 즉, 석 달에 한 번 태양을 도는 셈이므로 지구에 비하면 공전 속도가 아주 빠르지.

　　　　　　　　세상에서 가장 쉬운 과학 수업 일반상대성이론

1845년 프랑스의 르베리에는 수성의 공전궤도가 닫힌 타원이 되지 않음을 알아냈다.

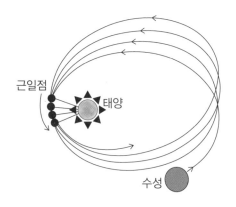

수성이 1회 공전할 때마다 원래의 출발점이 아니라 약간 어긋난 지점에 도달한다. 그 결과 해가 지날수록 수성의 공전궤도 전체가 천천히 회전하는 효과를 낸다. 이를 묘사하기 위해 하나의 기준점을 잡은 것이 수성의 근일점이다. 수성의 근일점이 돌아가는 정도는 100년에 5600초로 알려져 있었다. 이 중 5025초는 지구의 운동 때문에 생기는 변화이다. 즉, 지구가 자전할 때 마치 팽이가 도는 것처럼 회전축 자체가 천천히 회전하는 세차운동을 하면서 관측자의 위치가 바뀌기 때문에 수성의 근일점이 이동하는 것처럼 보이는 것이다.

또한 다른 행성의 영향도 있다. 그 정도는 100년에 532초이다. 태양계에는 태양과 여러 행성이 있고 이들이 수성에게 중력을 작용하기 때문에 생기는 현상이다.

이제 남은 것은 100년에 43초이다. 이는 여전히 정체불명으로 남아 있었다. 뉴턴 역학으로는 이 값을 설명할 수가 없었지만 아인슈타인은 일반상대성이론으로 43초의 비밀을 풀어냈다.

중력렌즈 _ 은하가 커 보이는 현상

정교수 아인슈타인의 일반상대성이론의 또 다른 증거로 중력렌즈라는 현상이 있어.

물리군 어떤 현상이죠?

정교수 아인슈타인은 태양의 중력장 때문에 태양 주위를 지나는 별빛이 휘는 것을 알아낸 후인 1912년, 거대한 천체의 중력으로 인해 지구에서 관측한 은하가 원래 크기보다 크게 보일 수 있다는 것을 발견했어. 이것은 마치 볼록렌즈를 통하면 사물이 더 크게 보이는 것과 비슷해서 중력렌즈라는 이름을 붙였지.

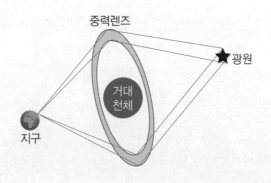

　　　　　　　　　세상에서 가장 쉬운 과학 수업 일반상대성이론

아인슈타인은 중력렌즈 효과를 그해 4월 노트에 기록해 두었다.

그 후 몇 년 동안 중력렌즈 아이디어는 여러 출판물에 등장했다. 아인슈타인은 1915년 12월 15일에 취리히 대학 법의학 교수인 친구 하인리히 쟁거(Heinrich Zangger, 1874~1957)에게 쓴 편지에서 이 현상을 언급했다. 또한 에딩턴은 1920년에 출판된 그의 저서《공간, 시간, 중력》에서 중력렌즈를 논했다.

1936년 체코 이민자이자 아마추어 엔지니어인 루디 만들(Rudi W. Mandl)이 아인슈타인을 방문했다. 만들은 중력렌즈에 관심이 많았다. 아인슈타인은 만들과의 토론 중 그의 권유로 중력렌즈에 관한 논문을 쓰기로 결심했고, 얼마 후《사이언스(Science)》저널에 짤막한 논문을 발표했다.

중력렌즈 현상은 자주 관측되는데 은하가 커 보이는 것 말고도 하나의 은하가 여러 개로 보이는 현상도 생긴다. 먼 곳의 은하에서 온 빛이 그 은하와 지구 사이에 있는 질량이 큰 은하단의 중력 때문에 굽어짐에 따라 지구의 관측자에게는 여러 개의 은하처럼 보이는 것이다.

이 현상은 은하와 렌즈 역할을 하는 은하단과 지구가 거의 일직선에 놓일 때만 관측된다. 이때 여러 개의 은하는 십자가 모양 또는 링모양을 이룬다. 십자가 모양으로 관측되는 경우를 아인슈타인 십자가라 하고, 링 모양으로 관측되는 경우를 아인슈타인 링이라고 부른다.

아인슈타인 십자가

아인슈타인 링

동일한 은하가 여러 개로 보이는 모습

세상에서 가장 쉬운 과학 수업 일반상대성이론

아인슈타인의 두 번째 사랑 _ 아내이자 비서였던 엘사

정교수 아인슈타인이 일반상대성이론을 완성하던 시기는 그의 두 번째 사랑이 싹트는 때였어.

물리군 아인슈타인은 결혼을 두 번 했나요?

정교수 맞아. 그의 두 번째 부인은 엘사 아인슈타인이야.

엘사는 1876년 1월 18일에 태어났고 아인슈타인의 사촌이었다. 그의 아버지 루돌프 아인슈타인(Rudolf Einstein)은 아인슈타인의 아버지 헤르만 아인슈타인(Hermann Einstein)의 사촌이었고, 그의 어머니는 아인슈타인의 어머니와 자매였다. 루돌프는 독일 남서부의 작은 마을인 헤힝겐의 직물 제조업자였고, 헤르만의 사업을 여러 번 도왔다.

크리스마스를 비롯한 휴가 기간에 엘사의 가족은 뮌헨에 있는 아인슈타인의 집을 방문하곤 했다. 엘사는 아인슈타인보다 세 살 더 많았고 어린 시절 놀이 친구였다. 엘사와 아인슈타인은 종종 함께 악기를 연주했다.

1896년 엘사는 20세의 나이에 헤힝겐에서 사업을 하던 직물 상인 막스 뢰벤탈과 결혼했다. 둘 사이에는 두

엘사 아인슈타인(Elsa Einstein, 1876~1936)

딸이 있었다. 1908년 엘사는 남편 뢰벤탈과 이혼한 후 딸들과 함께 베를린에 있는 친가에서 살았다. 그는 연극, 문학, 비즈니스, 정치, 심지어 과학 분야까지 폭넓은 친분을 쌓았다. 시력이 좋지 않았음에도 불구하고 안경 착용을 거부하여, 회식 때 꽃을 샐러드로 착각해 먹었다는 일화도 있다.

프라하 대학의 교수였던 아인슈타인은 취리히 연방 공과대학 교수직을 제안받았고, 1912년 봄방학 기간에 베를린으로 여행을 떠났다. 베를린에 있는 동안 그는 루돌프의 집을 방문하여 엘사와 다시 만났다. 그때 엘사는 36세였다.

당시 아인슈타인의 결혼 생활은 파탄에 직면한 상태였다. 아내인 밀레바는 우울증에 빠져 아인슈타인에게 불평을 토해내기 시작했다. 루돌프의 집에 머물면서 아인슈타인은 엘사와 점점 더 가까워졌다. 두 사람은 숲이 우거진 반제 호수로 여행을 떠났고 이 여행은 둘을 하나로 묶었다.

1911년 반제 호수의 모습

세상에서 가장 쉬운 과학 수업 일반상대성이론

베를린 여행을 마치고 프라하로 돌아간 아인슈타인은 엘사와 편지를 주고받기 시작했다. 아인슈타인은 밀레바와의 불화에 대해 엘사의 조언을 구했고, 엘사는 그를 위로하면서 두 사람의 사랑이 싹트기 시작했다. 엘사는 아인슈타인의 상대성이론에 관심을 보이며 일반인이 읽을 만한 책을 추천해달라고 했다. 아인슈타인은 상대성이론이 너무 어려워서 아직까지 일반인을 위한 책은 없다고 답장했다.

1913년 3월 말, 아인슈타인은 상대성이론 강의를 위해 아내 밀레바와 파리로 갔다. 파리에서 그들은 마리 퀴리와 함께 지냈다. 아인슈타인은 파리에서 만난 마리 퀴리와 그의 첫째 딸 이렌에 대한 이야기를 엘사에게 편지로 보내주었다.

엘사와 관계가 깊어지는 동안에도 아인슈타인은 취리히에서 밀레바와 두 아들과의 가족생활을 잘 유지하려고 노력했다. 1913년 9월, 그는 노비사드의 카크에 있는 밀레바의 집으로 함께 갔다. 당시 아인슈타인은 조만간 베를린 대학으로 자리를 옮기는 것이 내정되어 있었는데, 밀레바는 베를린으로 이사하는 게 마음에 들지 않았다. 밀레바는 아인슈타인의 어머니와 사이가 좋지 않았고 아인슈타인이 엘사와 점점 더 친밀해짐을 느꼈다. 게다가 베를린 사람들은 스위스인보다 자신과 같은 슬라브인을 차별하는 것을 알고 있었다. 밀레바는 아인슈타인에게 베를린으로 옮기지 말고 취리히에서 계속 살자고 애원했지만, 아인슈타인은 이미 베를린에서의 삶을 결정한 상태였다.

아내는 베를린에서의 생활과 어머니에 대한 두려움으로 끊임없이 나에게 징징거립니다. 우리 어머니는 원래 성격은 좋으신데 아내를 좋아하지 않아요. 두 여인이 함께 있으면 집안은 삭막해집니다.

– 아인슈타인이 엘사에게 보낸 편지.

1914년 4월 14일, 아인슈타인은 베를린으로 이사했고 며칠 후 밀레바는 아이들과 함께 그를 따라갔다. 그러나 그녀는 베를린에 오래 머물 수 없었다. 둘 사이에 갈등의 골이 깊어졌기 때문이었다. 7월 29일, 두 사람은 별거에 합의했고 밀레바는 아이들과 함께 취리히로 돌아갔다.

엘사와 그녀의 가족은 아인슈타인에게 밀레바와의 이혼을 요구했다. 1916년 2월, 아인슈타인은 밀레바에게 이혼을 제안했다. 하지만 밀레바는 이혼을 원치 않았다. 그녀는 히스테리에 빠졌고 정서적, 육체적으로 쇠약해졌다. 결국 아인슈타인은 이혼 제안을 철회했다.

1917년 초, 아인슈타인은 심한 위장병에 걸렸다. 의사는 쌀이나 양질의 밀가루, 마카로니 등의 식단을 조언했다. 제1차 세계대전 중이던 당시는 이런 식량을 구하는 것이 무척 힘들었다. 엘사는 위장병으로 고생하는 아인슈타인을 돌보았다. 제대로 간호하기 위해 그녀는 자신의 건물에 있는 아파트를 임대했고 두 사람은 동거를 시작했다.

아인슈타인은 친구 쟁거의 도움으로 쌀과 양질의 밀가루, 마카로니를 공급받았고 엘사는 그를 위해 정성껏 요리를 만들었다. 엘사의 간호와 보살핌이 그를 다시 건강하게 만들었다. 아인슈타인은 엘사와 결혼하기 위해 1918년 1월 31일에 아내 밀레바에게 이혼 제안서를 보냈다.

1) 연간 위자료 9000마르크, 두 아들의 양육비 연간 2000마르크
2) 노벨상을 받을 경우, 상금 전액을 밀레바와 아들들에게 지급함

그즈음 아인슈타인은 노벨 물리학상 후보로 7번이나 지명되었는데, 상대성이론이 언급되지 않으면 노벨상을 거부한다는 그의 의견 때문에 수상자로 결정되지 못한 경우가 많았다. 아인슈타인이 노벨상을 받는 것은 시간문제일 뿐이었다. 결국 그의 제안에 밀레바가 동의했다.

1919년 2월 14일, 취리히 법원에서 두 사람의 이혼 판결이 내려졌다. 이혼 법령은 스위스에서 2년 이내에 재혼하는 것을 금지했지만, 아인슈타인은 3개월 반 후인 1919년 6월 2일에 엘사와 결혼했다. 스위스의 법령이 독일에서는 유효하지 않았기 때문이었다.

엘사는 아인슈타인의 아내이자 비서라는 이중 역할을 맡았다. 재정을 효율적으로 관리하고 모든 여행 준비를 했으며 프랑스어와 영어에 능통하여 때때로 그의 통역사로 일했다. 아인슈타인의 일반상대성이론이 에딩턴의 일식 관측을 통해 검증된 후, 하룻밤 사이에 아인슈타인은 매우 유명해졌다. 엘사는 유명한 남사의 아내가 된 것을 즐겼다. 그녀는 사업 감각이 뛰어났다. 아인슈타인의 사진에 대한 수요가 높아졌기 때문에 그녀는 그것으로 수익을 올렸다.

엘사는 결혼 후에도 아인슈타인이 다양한 여성들과 바람을 피우고 있다는 사실을 알게 되었다. 아인슈타인과 다른 여자들의 관계는 엘사에게 많은 경악을 불러일으켰지만, 결국 그녀는 그것을 자비롭게 받아들였다.

1933년 히틀러는 독일에서 권력을 장악하고 유대인을 박해하기 시작했다. 엘사는 아인슈타인과 달리 베를린과 독일을 매우 좋아했지만, 아인슈타인이 프린스턴 대학의 교수직을 제안받은 미국으로 이주하는 데 마지못해 동의했다. 그해 10월 17일, 아인슈타인과 엘사는 뉴욕 항구에 도착하여 프린스턴으로 향했다. 그러나 곧 엘사는 백혈병을 앓는 큰딸을 돌보기 위해 유럽으로 돌아가야 했다. 그녀의 큰딸은 1934년 7월 11일에 사망했다. 그 후 미국으로 돌아온 엘사는 중병에 걸렸고 거의 침대에 누워서 지내다가 1936년 12월 20일에 세상을 떠났다.

아인슈타인의 미국 생활 _ 나치의 박해를 피해서

정교수 이제 미국에서 아인슈타인이 어떤 삶을 살았는지 이야기해 줄게.

엘사와의 두 번째 결혼 후 아인슈타인은 1922년 11월에 노벨 물리학상을 탔다. 특수상대성이론이 나오고 17년만이며 일반상대성이론이 완성된 후 6년만이다. 보통 노벨 물리학상은 어떤 연구로 그 사람에게 노벨상을 준다는 수상 테마가 있다. 그런데 아인슈타인 하면 떠오르는 상대성이론은 아인슈타인의 노벨상 수상 테마가 아니었다. 아이러니하게도 그는 '빛의 광전효과에 관한 연구'로 노벨상을 수상했다. 노벨 물리학상 심사 위원회는 상대성이론이 너무 어려워서 노벨상 수상 테마로 잡기 힘들다고 변명했지만, 아무래도 당시까지는 상대성이론을 믿는 물리학자 못지않게 그것을 의심하는 물리학자도 많았기 때문이 아닐까 생각한다.

노벨 물리학상을 수상한 아인슈타인은 1920년대에 세계 여러 나라를 방문한다. 1921년 미국, 1922년 일본, 1923년 스페인 등을 다니며 그는 자신의 위대한 업적인 상대성이론을 전 세계에 알린다.

1930년 아인슈타인은 미국에 객원교수로 초빙되었다. 평화주의자인 그는 미국 방문 때 자신처럼 전쟁을 반대하는 영화배우 찰리 채플린과 친구가 되었다.

1931년 1월 영화 〈시티 라이트〉
시사회에서 아인슈타인과 찰리
채플린

아인슈타인은 캘리포니아 공과대학에서 세 번째 2개월 방문 교수직
을 맡았다. 1933년 2월에 미국을 방문하는 동안 독일 게슈타포는 그의
가족이 사는 베를린의 아파트를 습격했다. 아인슈타인 부부는 3월에
유럽으로 돌아갔는데 그 와중에 독일 의회가 3월 23일에 전권위임법
을 통과시켜 히틀러 정부를 법적 독재 정권으로 인정하고 말았다. 아
인슈타인은 새 총리 아돌프 히틀러가 집권한 나치 치하의 독일로 돌아
갈 수 없다는 것을 깨달았다. 결국 그들은 3월 28일에 벨기에 안트베르
펜에 도착해 독일 시민권을 포기했다.

1933년 4월, 새로운 독일 정부는 유대인이 대학에서 가르치는 것
은 물론 공직에 있을 수 없다는 법을 제정했다. 당시 영국의 자유당
정치인 윌리엄 베버리지는 학자들이 나치의 박해를 피할 수 있도록
돕기 위해 학술 지원 위원회(Academic Assistance Council)를 만들
었다.

세상에서 가장 쉬운 과학 수업 일반상대성이론

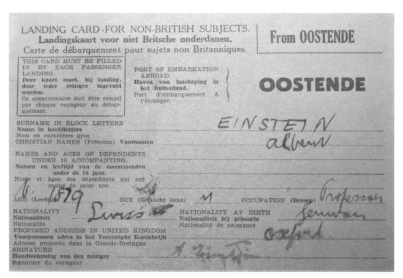

1933년 5월 26일, 아인슈타인이 옥스퍼드 대학을 방문하기 위해 벨기에에서 영국 도버로 갈 때 작성한 입국 신고서(출처: ukhomeoffice/Wikimedia Commons)

　1933년 7월 말, 아인슈타인은 지난 몇 년 동안 그와 친구가 된 영국 국회의원 올리버 로커–램프슨(Oliver Locker–Lampson)의 초청으로 약 6주 동안 영국을 방문했다. 아인슈타인을 나치로부터 보호하기 위해 로커–램프슨은 경호원 두 명을 붙여 그의 외딴 오두막에서 지키게 했다. 그는 또한 아인슈타인의 영국 시민권을 연장하는 법안을 의회에 제출했는데, 이 기간 동안 아인슈타인은 유럽에서 일으키고 있는 위기를 설명하는 공개 석상에 여러 번 등장했다. 그러나 이 법안은 받아들여지지 않았고, 아인슈타인은 자신을 원하는 미국 프린스턴 대학의 고등 연구소로 가기로 결정했다.

미국 프린스턴 대학의 고등 연구소(출처: Zeete/Wikimedia Commons)

아인슈타인은 1955년에 사망할 때까지 고등 연구소에서 일했다. 그는 여기서 폰 노이만, 쿠르트 괴델 및 헤르만 바일과 같은 학자들과 친하게 지냈으며, 통일장 이론에 도전하는 연구를 지속했다.

1955년 4월 17일, 아인슈타인은 복부 대동맥류 파열에 의한 내출혈로 입원해 다음 날 아침 76세의 나이로 세상을 떠났다.

힐베르트 _ 무한대와 무한 호텔

정교수   이번에는 아인슈타인 방정식에 큰 기여를 한 수학자 힐베르트를 알아볼까?

세상에서 가장 쉬운 과학 수업 일반상대성이론

힐베르트(David Hilbert, 1862~1943)

　힐베르트는 프로이센 왕국의 쾨니히스베르크에서 태어나 판사인 아버지 밑에서 자랐다. 1872년 말, 그는 프리드리히스 콜레지움에 입학했다가 빌헬름 김나지움으로 옮겨 1880년에 졸업했다. 졸업 후 그해 가을, 쾨니히스베르크 대학에 입학했고 1885년에 박사 학위를 받았다. 그는 1886년부터 1895년까지 쾨니히스베르크 대학에서 강사 생활을 하다가 1895년에 괴팅겐 대학의 수학 교수가 되었다.

　1892년 힐베르트는 쾨니히스베르크 상인의 딸인 케테 제로슈 (Käthe Jerosch, 1864~1945)와 결혼했다. 쾨니히스베르크에 있는 동안 그들은 아들 프란츠(Franz Hilbert, 1893~1969)를 낳았다. 프란츠는 평생 정신 질환을 앓았는데, 그가 정신병원에 입원한 후 힐베르트는 "이제부터 나는 아들이 없다고 생각해야 한다"고 말했다. 프란츠에 대한 그의 태도는 케테에게 상당한 슬픔을 안겨 주었다.

1925년경 힐베르트는 악성빈혈을 앓게 되었다. 이 빈혈은 당시에는 치료할 수 없었던 비타민 결핍증이었고 피로를 느끼는 것이 주요 증상이었다.

1912년까지만 해도 힐베르트는 거의 전적으로 순수 수학자였다. 그런데 친구인 물리학자 민코프스키를 통해 아인슈타인의 상대성이론을 접하고, 이때부터 물리학에 관심을 가졌다. 그는 기체운동론, 방사선 이론, 물질의 분자 이론 등을 공부했다.

1915년 초여름까지 물리학에 대한 힐베르트의 관심은 일반상대성이론에 집중되어 있었다. 그는 아인슈타인을 괴팅겐으로 초청하여 이 주제를 가지고 일주일 동안 아인슈타인의 강의를 들었다. 1915년 11월, 아인슈타인은 중력장 방정식(The Field Equations of Gravitation)을 완성하는 여러 논문을 발표했다. 거의 동시에 힐베르트는 장 방정식의 공리적 유도인 〈물리학의 기초〉를 출판했다. 힐베르트는 아인슈타인을 일반상대성이론의 창시자로 인정했다.

1924년 1월에 독일 괴팅겐에서 열린 강의에서 힐베르트는 일반인이 무한대를 쉽게 이해할 수 있는 예로 무한 호텔을 들었다. 그는 객실의 개수가 무한대인 호텔을 생각했다. 이 호텔의 객실은 모두 차 있어서 빈방이 없다. 하지만 무한대의 개념을 잘 이해한다면 이 무한 호텔이 언제든지 새로운 손님을 받을 수 있는 걸 알 수 있다.

무한 호텔에 새로운 손님이 왔을 때 1번 방 손님은 2번 방으로, 2번 방 손님은 3번 방으로, 3번 방 손님은 4번 방으로…… 이런 식으로 계속 옮기면 모든 손님을 옮긴 뒤 1번 방이 빈다. 그러므로 빈 1번 방

에 새로운 손님을 받으면 된다. 이것은 무한대를 이해하는 아주 재미
있는 예이다.

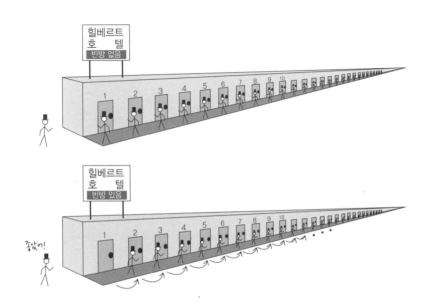

다섯 번째 만남

•

아인슈타인의 논문 속으로

뉴턴 역학에서의 가속하는 관찰자 _ 버스에 탄 사람이 보는 것은?

정교수 본격적으로 아인슈타인의 논문 속으로 들어가 볼까? 1913년
에 아인슈타인과 그로스만이 쓴 논문, 1915년과 1916년에 아인슈타
인이 쓴 논문을 중심으로 해서 아인슈타인 방정식이 무엇인지를 보
여줄게. 이 내용을 이해하려면 아인슈타인의 합의 기호 생략 규칙을
잘 알아야 해.

물리군 첨자가 중복되면 합의 기호를 생략하는 거죠?

정교수 맞아. 그 전에 뉴턴 역학에서 관찰자가 가속하는 경우를 살
펴보기로 하지.

가속도가 a로 일정하다고 가정하고 다음 그림을 보자.

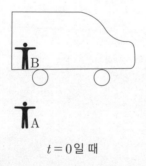

$t = 0$일 때

버스에 탄 관찰자 B와 정지해 있는 관찰자 A가 시각 $t = 0$일 때 같
은 위치에 있다. 버스는 일정한 가속도 a로 가속된다고 하면 시간이 t

만큼 흘러 시각 t가 되었을 때 두 사람의 위치는 다음과 같다.

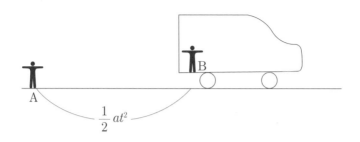

이때 두 관찰자 사이의 거리는 $\frac{1}{2}at^2$이 된다.

이 두 사람이 질량이 m인 같은 물체의 운동을 묘사한다고 하자. 정지한 관찰자는 ξ라는 좌표를, 움직이는 관찰자는 x라는 좌표를 사용하면 다음과 같이 나타낼 수 있다.

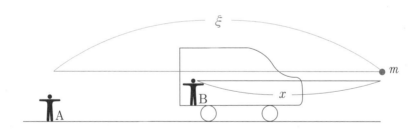

그러니까

$$x = \xi - \frac{1}{2}at^2 \qquad\qquad (5\text{-}1\text{-}1)$$

이라는 관계가 성립한다.

정지한 관찰자가 볼 때 물체에 작용하는 힘이 F라면 정지한 관찰자는 뉴턴 방정식을

$$m\frac{d^2\xi}{dt^2} = F \tag{5-1-2}$$

라고 쓸 것이다. 식 (5-1-1)을 식 (5-1-2)에 넣으면

$$m\frac{d^2x}{dt^2} = F - ma$$

이다. 여기서 $- ma$는 바로 관성력이다. 즉, 가속하는 관찰자는 관성력이라는 겉보기 힘을 보게 된다.

휘어진 시공간에서의 계량 _ 시공간의 휘어짐을 묘사하다

정교수 아인슈타인은 4차원 시공간에서도 정지한 관찰자의 좌표와 가속하는 관찰자의 좌표 사이에 함수관계가 성립한다고 생각했어. 정지한 관찰자의 좌표를

$$\xi^\mu \quad (\mu = 0, 1, 2, 3)$$

로 쓰고, 가속하는 관찰자의 좌표를

$$x^a \quad (a = 0, 1, 2, 3)$$

로 쓸 거야. ξ^μ는 x^0, x^1, x^2, x^3의 함수이고 반대로 x^a는 ξ^0, ξ^1, ξ^2, ξ^3의 함수이지.

그런데 등가원리에 의해 가속도와 중력장의 세기가 동등하니까 휘어진 시공간에서의 좌표를

$$x^a \quad (a = 0, 1, 2, 3)$$

로 묘사할 수 있어. 그러면 정지한 관찰자의 좌표는 평평한 시공간에서의 좌표인

$$\xi^\mu \quad (\mu = 0, 1, 2, 3)$$

로 묘사되지.

물리군 정지한 관찰자의 좌표는 왜 평평한 시공간의 좌표죠?

정교수 정지한 관찰자의 가속도는 0이야. 가속도가 중력장의 세기와 동등하니까 정지한 관찰자의 좌표는 시공간에 중력을 가진 천체들이 하나도 없는 경우를 묘사해. 즉, 시공간은 조금도 휘어지지 않고 평평하지. 정지한 관찰자가 아니더라도 일정한 속도로 움직이는 관찰자의 좌표도 역시 평평한 시공간의 좌표로 묘사할 수 있어.

물리군 그렇군요.

정교수 휘어진 시공간의 좌표가 평평한 시공간의 좌표의 함수이므로

$$dx^a = \frac{\partial x^a}{\partial \xi^\mu} d\xi^\mu \qquad\qquad (5\text{-}2\text{-}1)$$

가 돼. 이것을 합의 기호를 넣어서 쓰면 다음과 같지.

$$dx^a = \frac{\partial x^a}{\partial \xi^0} d\xi^0 + \frac{\partial x^a}{\partial \xi^1} d\xi^1 + \frac{\partial x^a}{\partial \xi^2} d\xi^2 + \frac{\partial x^a}{\partial \xi^3} d\xi^3$$

마찬가지로 평평한 시공간의 좌표가 휘어진 시공간의 좌표의 함수이므로

$$d\xi^\mu = \frac{\partial \xi^\mu}{\partial x^a} dx^a \qquad\qquad (5\text{-}2\text{-}2)$$

가 돼. 이것을 합의 기호를 넣어서 쓰면 다음과 같아.

$$d\xi^\mu = \frac{\partial \xi^\mu}{\partial x^0} dx^0 + \frac{\partial \xi^\mu}{\partial x^1} dx^1 + \frac{\partial \xi^\mu}{\partial x^2} dx^2 + \frac{\partial \xi^\mu}{\partial x^3} dx^3$$

이 두 식을 이용하면 다음 관계식을 얻을 수 있어.

$$\frac{\partial x^c}{\partial \xi^\nu} \frac{\partial \xi^\rho}{\partial x^c} = \delta^\rho_\nu \qquad\qquad (5\text{-}2\text{-}3)$$

$$\frac{\partial x^a}{\partial \xi^\mu} \frac{\partial \xi^\mu}{\partial x^b} = \delta^a_b \qquad\qquad (5\text{-}2\text{-}4)$$

물리군 어떻게 이런 결과가 나오나요?

정교수 원리는 간단해. 식 (5-2-1)에

$$d\xi^{\mu} = \frac{\partial \xi^{\mu}}{\partial x^b} dx^b \tag{5-2-5}$$

를 넣으면

$$dx^a = \left(\frac{\partial x^a}{\partial \xi^{\mu}} \frac{\partial \xi^{\mu}}{\partial x^b} \right) dx^b \tag{5-2-6}$$

가 돼.

물리군 식 (5-2-5)에서 왜 첨자를 b로 바꾸죠?

정교수 식 (5-2-1)에 첨자 a가 있기 때문이야. 그래서 합의 기호 생략 규칙으로 사용되는 첨자를 b로 바꾼 거지. 이제 식 (5-2-6)은

$$\frac{\partial x^a}{\partial \xi^{\mu}} \frac{\partial \xi^{\mu}}{\partial x^b} = \delta^a_b$$

일 때 성립해. 실제로

$$\delta^a_b dx^b = dx^a$$

이니까 말이야. 예를 들어 $a = 1$인 경우를 보면

$$\delta^1_0 dx^0 + \delta^1_1 dx^1 + \delta^1_2 dx^2 + \delta^1_3 dx^3 = dx^1$$

이 되거든.

물리군 합의 기호 생략 규칙에 익숙해져야겠어요. 식 (5-2-3)은 제가 증명해 볼게요!

정교수　좋아. 평평한 시공간에서 불변 시공간 간격

$$ds^2 = \eta_{\mu\nu}d\xi^{\mu}d\xi^{\nu}$$

는 식 (5-2-5)를 이용하면

$$dx^2 = \eta_{\mu\nu}\frac{\partial\xi^{\mu}}{\partial x^a}dx^a\frac{\partial\xi^{\nu}}{\partial x^b}dx^b$$

$$= \left(\eta_{\mu\nu}\frac{\partial\xi^{\mu}}{\partial x^a}\frac{\partial\xi^{\nu}}{\partial x^b}\right)dx^a dx^b \qquad (5\text{-}2\text{-}7)$$

가 돼. 여기서

$$g_{ab} = \eta_{\mu\nu}\frac{\partial\xi^{\mu}}{\partial x^a}\frac{\partial\xi^{\nu}}{\partial x^b} \qquad (5\text{-}2\text{-}8)$$

를 휘어진 시공간에서의 계량이라고 불러. 그러니까 식 (5-2-7)은

$$ds^2 = g_{ab}dx^a dx^b \qquad (5\text{-}2\text{-}9)$$

가 되지. 즉, 시공간의 휘어짐은 g_{ab}로 묘사되는 거야.
이제 g_{ab}의 역을

$$g^{ac}g_{cd} = \delta_d^a \qquad (5\text{-}2\text{-}10)$$

에 의해 정의하면

$$g^{ab} = \eta^{\mu\nu} \frac{\partial x^a}{\partial \xi^\mu} \frac{\partial x^b}{\partial \xi^\nu} \tag{5-2-11}$$

로 쓸 수 있어.

물리군 식 (5-2-11)은 어떻게 나온 거죠?

정교수 간단해. 식 (5-2-11)은 식 (5-2-10)을 만족하거든.

$$g^{ac} g_{cd} = \eta^{\mu\nu} \frac{\partial x^a}{\partial \xi^\mu} \frac{\partial x^c}{\partial \xi^\nu} \, \eta_{\rho\sigma} \frac{\partial \xi^\rho}{\partial x^c} \frac{\partial \xi^\sigma}{\partial x^d}$$

$$= \eta^{\mu\nu} \eta_{\rho\sigma} \frac{\partial x^a}{\partial \xi^\mu} \frac{\partial \xi^\sigma}{\partial x^d} \frac{\partial x^c}{\partial \xi^\nu} \frac{\partial \xi^\rho}{\partial x^c}$$

$$= \delta_\nu^\rho \eta^{\mu\nu} \eta_{\rho\sigma} \frac{\partial x^a}{\partial \xi^\mu} \frac{\partial \xi^\sigma}{\partial x^d}$$

$$= \eta^{\mu\nu} \eta_{\nu\sigma} \frac{\partial x^a}{\partial \xi^\mu} \frac{\partial \xi^\sigma}{\partial x^d}$$

$$= \delta_\sigma^\mu \frac{\partial x^a}{\partial \xi^\mu} \frac{\partial \xi^\sigma}{\partial x^d}$$

$$= \frac{\partial x^a}{\partial \xi^\mu} \frac{\partial \xi^\mu}{\partial x^d}$$

$$= \delta_d^a$$

피어바인과 크리스토펠 기호 _ 새로운 기호의 도입

정교수 이제 다음과 같은 기호를 도입할 거야.

$$\frac{\partial x^a}{\partial \xi^\mu} = e_\mu^a.$$

(5-3-1)

$$\frac{\partial \xi^\mu}{\partial x^a} = e_a^\mu$$

(5-3-2)

이것을 피어바인(vierbein)이라고 하는데, 독일어로 '네 개의 다리'라는 뜻이다.

이때 계량과 역계량은 다음과 같이 나타낼 수 있다.

$$g_{ab} = \eta_{\mu\nu} e_a^\mu e_b^\nu$$

(5-3-3)

$$g^{ab} = \eta^{\mu\nu} e_\mu^a e_\nu^b$$

(5-3-4)

그리고 피어바인은 다음 관계를 만족한다.

$$e_c^\rho e_\nu^c = \delta_\nu^\rho \tag{5-3-5}$$

$$e_a^\nu e_\nu^b = \delta_a^b \tag{5-3-6}$$

이제 편미분을 다음과 같이 간단하게 나타내자.

$$\frac{\partial}{\partial \xi^\mu} = \partial_\mu$$

$$\frac{\partial}{\partial x^a} = \partial_a$$

앞으로 그리스 문자는 평평한 시공간의 좌표를, 로마자는 휘어진 시공간의 좌표를 나타내는 것으로 약속하겠다.

여기서 다음과 같은 크리스토펠 기호 Γ_{ab}^c를 도입하자.

$$\partial_b e_a^\mu = \Gamma_{ab}^c e_c^\mu \tag{5-3-7}$$

이때

$$\Gamma_{ab}^c = e_\mu^c \partial_b e_a^\mu \tag{5-3-8}$$

이다.

물리군   식 (5-3-8)은 어떻게 나왔나요?

정교수   식 (5-3-7)은

$$\partial_b e_a^\mu = \Gamma_{ab}^d e_d^\mu$$

라고 쓸 수 있는데 양변에 e_μ^c를 곱하면

$$e_\mu^c \partial_b e_a^\mu = \Gamma_{ab}^d e_d^\mu e_\mu^c = \Gamma_{ab}^d \delta_d^c = \Gamma_{ab}^c$$

가 되거든.

물리군 그렇군요.

정교수 크리스토펠 기호는 다음 성질을 만족해.

$$\Gamma_{ab}^c = \Gamma_{ba}^c \tag{5-3-9}$$

물리군 왜 그런가요?

정교수 다음 관계식을 볼까?

$$\partial_a e_b^\mu = \partial_b e_a^\mu \tag{5-3-10}$$

이 식은 간단하게 증명할 수 있어.

$$\partial_a e_b^\mu = \frac{\partial}{\partial x^a} \frac{\partial \xi^\mu}{\partial x^b} = \frac{\partial}{\partial x^b} \frac{\partial \xi^\mu}{\partial x^a} = \partial_b e_a^\mu$$

식 (5-3-10)에서

$$\partial_a e_b^\mu = \Gamma_{ab}^c e_c^\mu$$

이고

$$\partial_b e_a^\mu = \Gamma_{ba}^c e_c^\mu$$

이기 때문이지.

물리군 완전히 이해되었어요!

정교수 그럼 크리스토펠 기호로부터 다음과 같이 새로운 기호를 만들어 볼게.

$$\Gamma_{bc}^a = g^{ad} \Gamma_{dbc} \qquad\qquad (5\text{-}3\text{-}11)$$

그러니까

$$\Gamma_{dbc} = \Gamma_{dcb}$$

가 돼.

식 (5-3-11)을

$$\Gamma_{bc}^a = g^{ae} \Gamma_{ebc}$$

라고 쓸 수도 있어. 이 식의 양변에 g_{da}를 곱하면

$$g_{da} \Gamma_{bc}^a = g_{da} g^{ae} \Gamma_{ebc}$$

이고, 식 (5-2-10)을 이용하면

$$g_{da} \Gamma_{bc}^a = \delta_d^e \Gamma_{ebc} = \Gamma_{dbc}$$

가 되지. 즉,

$$\Gamma_{dbc} = \eta_{\mu\nu} e^{\mu}_{d} e^{\nu}_{a} e^{a}_{\sigma} \partial_{b} e^{\sigma}_{c}$$

로 나타낼 수 있어. 여기서

$$e^{\nu}_{a} e^{a}_{\sigma} = \delta^{\nu}_{\sigma}$$

이므로

$$\Gamma_{dbc} = \eta_{\mu\nu} \delta^{\nu}_{\sigma} e^{\mu}_{d} \partial_{b} e^{\sigma}_{c} = \eta_{\mu\nu} e^{\mu}_{d} \partial_{b} e^{\nu}_{c} \tag{5-3-12}$$

라네. 이때 다음 관계식이 성립해.

$$\Gamma_{dbc} = \frac{1}{2} [\partial_{c} g_{db} + \partial_{b} g_{dc} - \partial_{d} g_{bc}] \tag{5-3-13}$$

물리군   이건 어떻게 증명하죠?

정교수   식 (5-3-3)을 이용하면

$$\partial_{c} g_{db} = \partial_{c} (\eta_{\mu\nu} e^{\mu}_{d} e^{\nu}_{b}) = \eta_{\mu\nu} (\partial_{c} e^{\mu}_{d}) e^{\nu}_{b} + \eta_{\mu\nu} e^{\mu}_{d} (\partial_{c} e^{\nu}_{b})$$

이고, 같은 방법으로

$$\partial_{b} g_{dc} = \eta_{\mu\nu} (\partial_{b} e^{\mu}_{d}) e^{\nu}_{c} + \eta_{\mu\nu} e^{\mu}_{d} (\partial_{b} e^{\nu}_{c})$$

$$\partial_{d} g_{bc} = \eta_{\mu\nu} (\partial_{d} e^{\mu}_{b}) e^{\nu}_{c} + \eta_{\mu\nu} e^{\mu}_{b} (\partial_{d} e^{\nu}_{c})$$

가 돼. 즉, 다음과 같아.

$$\partial_c g_{db} + \partial_b g_{dc} - \partial_d g_{bc} = \eta_{\mu\nu}(\partial_c e_d^{\mu})e_b^{\nu} + \eta_{\mu\nu}e_d^{\mu}(\partial_c e_b^{\nu})$$

$$+ \eta_{\mu\nu}(\partial_b e_d^{\mu})e_c^{\nu} + \eta_{\mu\nu}e_d^{\mu}(\partial_b e_c^{\nu})$$

$$- \eta_{\mu\nu}(\partial_d e_b^{\mu})e_c^{\nu} - \eta_{\mu\nu}e_b^{\mu}(\partial_d e_c^{\nu})$$

그런데 식 (5-3-10)에 의해

$$\eta_{\mu\nu}e_b^{\mu}(\partial_d e_c^{\nu}) = \eta_{\mu\nu}e_b^{\mu}(\partial_c e_d^{\nu})$$

이고, 이때 μ와 ν를 바꿔도 되니까

$$\eta_{\mu\nu}e_b^{\mu}(\partial_d e_c^{\nu}) = \eta_{\mu\nu}e_b^{\nu}(\partial_c e_d^{\mu})$$

이므로

$$\eta_{\mu\nu}(\partial_c e_d^{\mu})e_b^{\nu} - \eta_{\mu\nu}e_b^{\mu}(\partial_d e_c^{\nu}) = 0$$

이야. 마찬가지로

$$\eta_{\mu\nu}(\partial_b e_d^{\mu})e_c^{\nu} - \eta_{\mu\nu}(\partial_d e_b^{\mu})e_c^{\nu} = 0$$

이니까 다음이 성립하지.

$$\partial_c g_{db} + \partial_b g_{dc} - \partial_d g_{bc} = \eta_{\mu\nu} e_d^{\mu} (\partial_c e_b^{\nu}) + \eta_{\mu\nu} e_d^{\mu} (\partial_b e_c^{\nu})$$

$$= 2\eta_{\mu\nu} e_d^{\mu} (\partial_c e_b^{\nu})$$

$$= 2\eta_{\mu\nu} e_d^{\mu} (\partial_b e_c^{\nu})$$

$$= 2\Gamma_{dbc}$$

가속하는 관찰자의 운동방정식 _ 겉보기 가속도

정교수 　만약 정지한 관찰자가 힘을 받지 않은 물체의 운동을 묘사한다면

$$\frac{d^2 \xi^{\mu}}{d\tau^2} = 0$$

으로 나타낼 거야. 이것을 가속하는 관찰자가 묘사한다고 생각해 봐. 그러면

$$\frac{d\xi^{\mu}}{d\tau} = \frac{\partial \xi^{\mu}}{\partial x^a} \frac{dx^a}{d\tau}$$

이니까

$$\frac{d^2 \xi^\mu}{d\tau^2} = \frac{d}{d\tau} \frac{d\xi^\mu}{d\tau}$$

$$= \frac{d}{d\tau} \left(\frac{\partial \xi^\mu}{\partial x^a} \frac{dx^a}{d\tau} \right)$$

$$= \frac{\partial^2 \xi^\mu}{\partial x^a \partial x^b} \frac{dx^b}{d\tau} \frac{dx^a}{d\tau} + \frac{\partial \xi^\mu}{\partial x^a} \frac{d^2 x^a}{d\tau^2}$$

$$= \frac{\partial^2 \xi^\mu}{\partial x^a \partial x^b} \frac{dx^b}{d\tau} \frac{dx^a}{d\tau} + e_a^\mu \frac{d^2 x^a}{d\tau^2} \qquad \text{(5-4-1)}$$

이 돼. 여기서

$$\frac{\partial^2 \xi^\mu}{\partial x^a \partial x^b} \frac{dx^b}{d\tau} \frac{dx^a}{d\tau} = \frac{\partial^2 \xi^\mu}{\partial x^a \partial x^b} \frac{dx^a}{d\tau} \frac{dx^b}{d\tau}$$

$$= \eta_\nu^\mu \frac{\partial^2 \xi^\nu}{\partial x^a \partial x^b} \frac{dx^a}{d\tau} \frac{dx^b}{d\tau}$$

이고, 피어바인의 정의를 이용하면

$$\eta_\nu^\mu \frac{\partial^2 \xi^\nu}{\partial x^a \partial x^b} \frac{dx^a}{d\tau} \frac{dx^b}{d\tau} = e_c^\mu e_\nu^c \partial_a \left(e_b^\nu \right) \frac{dx^a}{d\tau} \frac{dx^b}{d\tau}$$

$$= e_c^\mu \Gamma_{ab}^c \frac{dx^a}{d\tau} \frac{dx^b}{d\tau}$$

가 되지. 그런데

$$e_a^{\mu} \frac{d^2 x^a}{d\tau^2} = e_c^{\mu} \frac{d^2 x^c}{d\tau^2}$$

이므로 식 (5-4-1)은

$$\frac{d^2 \xi^{\mu}}{d\tau^2} = e_c^{\mu} \frac{d^2 x^c}{d\tau^2} + e_c^{\mu} \Gamma_{ab}^c \frac{dx^a}{d\tau} \frac{dx^b}{d\tau}$$

$$= e_c^{\mu} \left(\frac{d^2 x^c}{d\tau^2} + \Gamma_{ab}^c \frac{dx^a}{d\tau} \frac{dx^b}{d\tau} \right)$$

로 나타낼 수 있어. 따라서 가속하는 관찰자가 묘사하는 운동방정식
은 다음과 같아.

$$\frac{d^2 x^c}{d\tau^2} + \Gamma_{ab}^c \frac{dx^a}{d\tau} \frac{dx^b}{d\tau} = 0$$

여기서 $\Gamma_{ab}^c \frac{dx^a}{d\tau} \frac{dx^b}{d\tau}$ 는 겉보기 힘과 관련된 겉보기 가속도이지.

공변미분 _ 새로운 미분의 정의

정교수 이번에는 공변미분에 대해 알아보려고 해.

물리군 공변미분이 뭐예요?

정교수 $e_a = (e_a^0, e_a^1, e_a^2, e_a^3)$로 놓고 V를 다음과 같이 둘 거야.

$$V = V^a e_a = V^0 e_0 + V^1 e_1 + V^2 e_2 + V^3 e_3$$

이때

$$\partial_b V \neq (\partial_b V^a) e_b$$

가 돼. 그러니까

$$\partial_b V = (\nabla_b V^a) e_a$$

인 새로운 미분을 정의해야 하는데 ∇_b를 공변미분이라고 부르지. 그럼 공변미분을 한번 찾아볼까?

$$\partial_b V = \partial_b (V^a e_b)$$

$$= (\partial_b V^a) e_a + V^a \partial_b e_a$$

$$= (\partial_b V^a) e_a + V^a \Gamma_{ab}^c e_c$$

$$= (\partial_b V^a) e_a + V^c \Gamma_{cb}^a e_a$$

$$= [\partial_b V^a + V^c \Gamma_{bc}^a] e_a$$

이므로 V의 성분 V^a에 대한 공변미분은

$$\nabla_b V^a = \partial_b V^a + V^c \Gamma_{bc}^a \qquad (5\text{-}5\text{-}1)$$

가 된다. 같은 방법으로 첨자가 두 개인 경우 공변미분은 다음과 같다.

$$\nabla_c A^{ab} = \partial_c A^{ab} + \Gamma_{cd}^a A^{db} + \Gamma_{cd}^b A^{ad} \qquad (5\text{-}5\text{-}2)$$

앞으로 사용할 두 가지 중요한 관계식이 있다. 바로 계량에 공변미분을 취하면 0이 되는 성질이다.

$$\nabla_c g^{ab} = 0 \tag{5-5-3}$$

$$\nabla_c g_{ab} = 0 \tag{5-5-4}$$

그럼 식 (5-5-3)을 증명해 보자.

$$\nabla_c g^{ab} = \partial_c g^{ab} + \Gamma^a_{cd} g^{db} + \Gamma^b_{cd} g^{ad}$$

$$= \partial_c g^{ab} + g^{db} \frac{1}{2} g^{ae} (\partial_d g_{ec} + \partial_c g_{de} - \partial_e g_{cd}) + g^{ad} \frac{1}{2} g^{be} (\partial_d g_{ec} + \partial_c g_{de} - \partial_e g_{cd})$$

$$= \partial_c g^{ab} + g^{db} \frac{1}{2} g^{ae} (\partial_d g_{ec} + \partial_c g_{de} - \partial_e g_{cd}) + g^{ae} \frac{1}{2} g^{bd} (\partial_e g_{dc} + \partial_c g_{ed} - \partial_d g_{ce})$$

$$= \partial_c g^{ab} + g^{db} g^{ae} \partial_c g_{ed} \tag{5-5-5}$$

한편

$$g_{ed} g^{ae} = \delta^a_d$$

의 양변을 미분하면

$$\partial_c (g_{ed} g^{ae}) = 0$$

또는

$$(\partial_c g_{ed}) g^{ae} + g_{ed} \partial_c g^{ae} = 0 \qquad (5\text{-}5\text{-}6)$$

이다. 식 (5-5-6)의 양변에 g^{db}를 곱하면

$$g^{db} g_{ed} \partial_c g^{ae} = -(\partial_c g_{ed}) g^{ae} g^{db}$$

또는

$$(\partial_c g_{ed}) g^{ae} g^{db} = -\delta_e^b \partial_c g^{ae} = -\partial_c g^{ab} \qquad (5\text{-}5\text{-}7)$$

가 된다. 식 (5-5-7)을 식 (5-5-5)에 넣으면

$$\nabla_c g^{ab} = 0$$

이다. 이제 다음 공식을 알아야 한다.

$$\partial_c |g| = |g| g^{ab} \partial_c g_{ab}$$

이것을 조금 쉽게 증명해 보겠다. 우선 $g_{ab} = g_{ba}$인 것을 기억해 두자. 즉, g_{ab}를 행렬로 나타내면 대칭행렬이 될 것이다. 간단히 하기 위해 2차 정사각행렬인 경우를 생각하자.

$$g_{ab} = \begin{pmatrix} g_{00} & g_{01} \\ g_{10} & g_{11} \end{pmatrix}$$

여기서

$$g_{01} = g_{10}$$

이다. 이때

$$g = g_{00}g_{11} - g_{01}g_{10}$$

이고, $g < 0$이므로

$$|g| = g_{01}g_{10} - g_{00}g_{11}$$

이다. 한편 g_{ab}의 역행렬은

$$g^{ab} = \begin{pmatrix} g^{00} & g^{01} \\ g^{10} & g^{11} \end{pmatrix} = \frac{1}{g}\begin{pmatrix} g_{11} & -g_{01} \\ -g_{10} & g_{00} \end{pmatrix} = \frac{1}{|g|}\begin{pmatrix} -g_{11} & g_{01} \\ g_{10} & -g_{00} \end{pmatrix}$$

이므로

$$g^{ab}g_{ab} = g^{00}g_{00} + g^{01}g_{01} + g^{10}g_{10} + g^{11}g_{11} = 2 = (\text{일정}) \qquad (5\text{--}5\text{--}8)$$

하다. 여기서

$$\delta|g| = g_{01}\delta g_{10} + g_{10}\delta g_{01} - g_{00}\delta g_{11} - g_{11}\delta g_{00}$$

$$= |g|\left(-\frac{1}{|g|}g_{11}\delta g_{00} + \frac{1}{|g|}g_{10}\delta g_{01} + \frac{1}{|g|}g_{01}\delta g_{10} - \frac{1}{|g|}g_{00}\delta g_{11} \right)$$

$$= |g|\left(-\frac{1}{|g|}g_{11}\delta g_{00} + \frac{1}{|g|}g_{01}\delta g_{01} + \frac{1}{|g|}g_{10}\delta g_{10} - \frac{1}{|g|}g_{00}\delta g_{11} \right)$$

$$= |g|\left(g^{00}\delta g_{00} + g^{01}\delta g_{01} + g^{10}\delta g_{10} + g^{11}\delta g_{11} \right)$$

$$= |g|g^{ab}\delta g_{ab} \qquad (5\text{--}5\text{--}9)$$

가 된다. 그런데

$$\delta\left(g^{ab}g_{ab}\right) = 0$$

이므로

$$g_{ab}\delta g^{ab} + g^{ab}\delta g_{ab} = 0$$

임을 알 수 있다. 이제

$$\nabla_b A^b = \frac{1}{\sqrt{|g|}}\partial_b\left(\sqrt{|g|}A^b\right) \qquad\qquad (5\text{--}5\text{--}10)$$

를 증명하겠다. 정의에 의해

$$\nabla_b A^b = \partial_b A^b + \Gamma^b_{bc}A^c$$

가 되고,

$$\Gamma^b_{bc} = g^{bd}\Gamma_{dbc}$$

$$= g^{bd}\frac{1}{2}\left(\partial_c g_{db} + \partial_b g_{dc} - \partial_d g_{bc}\right)$$

$$= \frac{1}{2}g^{bd}\partial_c g_{db} + \frac{1}{2}g^{bd}\partial_b g_{dc} - \frac{1}{2}g^{bd}\partial_d g_{bc}$$

이고

$$g^{bd}\partial_d g_{bc} = g^{db}\partial_b g_{dc}$$

이므로

$$\frac{1}{2}g^{bd}\partial_b g_{dc} - \frac{1}{2}g^{bd}\partial_d g_{bc} = 0$$

이 된다. 따라서

$$\Gamma_{bc}^{b} = \frac{1}{2}g^{bd}\partial_c g_{db}$$

이다. 식 (5-5-9)를 이용하면

$$\Gamma_{bc}^{b} = \frac{1}{|g|}\partial_c |g|$$

이다. 그러므로 다음 결과가 나온다.

$$\nabla_b A^b = \partial_b A^b + \frac{1}{|g|}\partial_c |g| A^c$$

$$= \partial_c A^c + \frac{1}{|g|}\partial_c |g| A^c$$

$$= \frac{1}{|g|}\left[|g|\partial_c A^c + (\partial_c |g|)A^c\right]$$

$$= \frac{1}{|g|}\partial_c (|g|A^c)$$

리만 텐서 _ 곡률에 비례하다

정교수 리만은 다음과 같은 양을 도입했어.

$$R^a_{bcd} = \partial_c \Gamma^a_{bd} - \partial_d \Gamma^a_{bc} + \Gamma^a_{ec} \Gamma^e_{bd} - \Gamma^a_{ed} \Gamma^e_{bc}$$

이것으로부터

$$R_{ab} = R^c_{acb} = \partial_c \Gamma^c_{ab} - \partial_b \Gamma^c_{ac} + \Gamma^c_{ab} \Gamma^d_{cd} - \Gamma^d_{bc} \Gamma^c_{ad}$$

로 정의해. 그리고

$$R = g^{ab} R_{ab}$$

라고 하면 이 양은 곡률에 비례하지.

물리군 왜 곡률에 비례하나요?

정교수 우리는 반지름 a인 구면에서의 곡률이 $\dfrac{1}{a^2}$ 이라는 것을 알고 있어. 반지름 a인 구면에서의 길이 요소는

$$ds^2 = g_{11} d^2 x_1 + g_{22} d^2 x_2$$

로 나타낼 수 있지. 여기서

$$x_1 = \theta$$
$$x_2 = \phi$$

라고 두었어. 이때 계량은

$$g_{11} = a^2$$

$$g_{22} = a^2\sin^2\theta$$

가 되지. 크리스토펠 기호를 모두 계산하면

$$\Gamma_{11}^1 = 0$$

$$\Gamma_{12}^1 = 0$$

$$\Gamma_{22}^1 = -\sin\theta\cos\theta$$

$$\Gamma_{11}^2 = 0$$

$$\Gamma_{12}^2 = \cot\theta$$

$$\Gamma_{22}^2 = 0$$

이야. 따라서

$$R_{11} = \partial_c\Gamma_{11}^c - \partial_1\Gamma_{1c}^c + \Gamma_{11}^c\Gamma_{cd}^d - \Gamma_{1c}^d\Gamma_{1d}^c$$

$$= \csc^2\theta - \cot^2\theta$$

이고

$$R_{22} = \partial_c\Gamma_{22}^c - \partial_2\Gamma_{2c}^c + \Gamma_{22}^c\Gamma_{cd}^d - \Gamma_{2c}^d\Gamma_{2d}^c$$

$$= \sin^2\theta$$

가 되는데 여기서 R을 구하면

$$R = g^{11}R_{11} + g^{22}R_{22} = \frac{2}{a^2}$$

이므로 곡률에 비례하는 것을 알 수 있지.

아인슈타인 방정식 _ 우주의 휘어진 정도를 고려하다

정교수 뉴턴 역학에서 작용은 다음과 같아.

$$S = \int_{t_1}^{t_2} \left(\frac{1}{2} m\dot{x}^2 - V(x) \right) dt$$

앞으로 시간에 대한 미분을 $\dot{x} = \dfrac{dx}{dt}$ 처럼 나타낼게. 즉, 작용은 운동에너지에서 퍼텐셜 에너지를 뺀 값을 시간에 대해 적분한 거야.

해밀턴은 작용이 최소가 되는 경로에서 뉴턴의 운동방정식을 구할 수 있음을 알아냈다. 어떤 양에 대한 변화량을 δ로 놓고

$$\delta F(\dot{x}) = \frac{\partial F}{\partial \dot{x}} \delta \dot{x}$$

$$\delta F(x) = \frac{\partial F}{\partial x} \delta x$$

라고 하자. 이때

$$\delta x(t_1) = 0$$

$$\delta x(t_2) = 0$$

이라고 하면 작용에 대한 변화량은

$$\delta S = \int_{t_1}^{t_2} \left(m\dot{x}\delta\dot{x} - \frac{\partial V(x)}{\partial x}\delta x \right)dt$$

이다. 부분적분을 이용하면

$$\int_{t_1}^{t_2} m\dot{x}\delta\dot{x}dt = [m\dot{x}\delta x]_{t_1}^{t_2} - \int_{t_1}^{t_2} m\ddot{x}\delta x dt$$

$$= -\int_{t_1}^{t_2} m\ddot{x}\delta x dt$$

가 된다. 그러므로

$$\delta S = \int_{t_1}^{t_2} \left(-m\ddot{x}\delta x - \frac{\partial V(x)}{\partial x}\delta x \right)dt = 0$$

으로부터

$$m\ddot{x} = -\frac{\partial V}{\partial x}$$

라는 운동방정식을 얻을 수 있다.

물리군   아인슈타인의 일반상대성이론에 대한 작용은 뭐죠?

정교수   우주는 중력을 가진 천체들이 있으므로 그 천체들로 인해 휘어질 거야. 그러니까 우주의 휘어진 정도를 나타내는 곡률을 고려해야 한다는 것이 아인슈타인의 생각이었어.

3차원에서 데카르트 좌표 (x, y, z)를 이용하면 공간 간격은

$$ds^2 = dx^2 + dy^2 + dz^2$$

이다. 구좌표계를 이용하면 공간 간격은

$$ds^2 = dr^2 + r^2 d\theta^2 + r^2\sin^2\theta d\phi^2$$

이 된다. 이때

$$x^1 = r, \ x^2 = \theta, \ x^3 = \phi$$

로 놓으면 계량은

$$g_{11} = 1$$
$$g_{22} = r^2$$
$$g_{33} = r^2\sin^2\theta$$

이고,

$$|g| = r^4\sin^2\theta$$

또는

$$\sqrt{|g|} = r^2 \sin\theta$$

이다. 그러므로 부피 요소는

$$dv = \sqrt{|g|}\,dx^1 dx^2 dx^3 = \sqrt{|g|}\,d^3 x$$

가 된다. 마찬가지로 4차원의 휘어진 시공간에서 4차원 부피의 적분은

$$\int \sqrt{|g|}\,d^4 x$$

이다.

아인슈타인과 힐베르트는 거의 동시에 다음과 같은 작용, 즉 곡률
을 적분한 양을 생각했다.

$$S = \int \sqrt{|g|}\,R d^4 x$$

이때 작용의 변화량을 구하면

$$\delta S = \int \delta\left(\sqrt{|g|}\,R\right) d^4 x$$

$$= \int \left[\delta\left(\sqrt{|g|}\right) R + \sqrt{|g|}\,\delta R\right] d^4 x$$

이다. 그런데

세상에서 가장 쉬운 과학 수업 일반상대성이론

$$R = g^{ab}R_{ab}$$

이므로

$$\delta S = \int \left[\delta\left(\sqrt{|g|}\right) g^{ab} R_{ab} + \sqrt{|g|}\left(\delta g^{ab}\right) R_{ab} + \sqrt{|g|} g^{ab} \delta R_{ab} \right] d^4 x$$

가 된다.

아인슈타인은 빠른 계산을 위해 크리스토펠 기호를 0으로 두고 최종 결과에서 ∂_a가 나오면 원래 결과는 ∂_a를 ∇_a로 바꾼 것이 됨을 알아냈다. 단, 이 경우 크리스토펠 기호의 미분은 0이 아니다.

예를 들어 식 (5-5-3)에서

$$\partial_c g^{ab} = -\Gamma_{cd}^a g^{db} - \Gamma_{cd}^b g^{ad}$$

인데 크리스토펠 기호를 0으로 두면

$$\partial_c g^{ab} \sim 0$$

이 된다. 그러니까 ∂_c를 ∇_c로 바꾼

$$\nabla_c g^{ab} = 0$$

이 계산 결과이다.

물리군   시간을 많이 줄일 수 있겠네요!

정교수   물론이야. 이때

$$R_{ab} = \partial_c \Gamma^c_{ab} - \partial_b \Gamma^c_{ac} + \Gamma^c_{ab} \Gamma^d_{cd} - \Gamma^d_{bc} \Gamma^c_{ad}$$

에서 크리스토펠 기호를 0으로 두면

$$R_{ab} \sim \partial_c \Gamma^c_{ab} - \partial_b \Gamma^c_{ac}$$

가 되지.

따라서

$$g^{ab} \delta R_{ab} \sim g^{ab} (\partial_c \delta \Gamma^c_{ab} - \partial_b \delta \Gamma^c_{ac})$$

$$\sim g^{ab} \partial_c \delta \Gamma^c_{ab} - g^{ab} \partial_b \delta \Gamma^c_{ac}$$

$$\sim g^{ab} \partial_c \delta \Gamma^c_{ab} - g^{ac} \partial_c \delta \Gamma^b_{ab}$$

$$\sim \partial_c (g^{ab} \delta \Gamma^c_{ab}) - \partial_c (g^{ac} \delta \Gamma^b_{ab})$$

$$\sim \partial_c Z^c$$

가 된다. 여기서

$$Z^c = g^{ab} \delta \Gamma^c_{ab} - g^{ac} \delta \Gamma^b_{ab}$$

라고 두었다. 그러므로 실제 계산 결과는

$$g^{ab} \delta R_{ab} = \nabla_c Z^c$$

이다. 한편

$$\int \sqrt{|g|}\, \nabla_c Z^c\, d^4 x = \int \partial_c\left(\sqrt{|g|}\, Z^c\right) d^4 x = 0$$

에서

$$\int \sqrt{|g|}\, g^{ab}\, \delta R_{ab}\, d^4 x = 0$$

임을 알 수 있다. 그러므로

$$\delta\sqrt{|g|} = \frac{1}{2\sqrt{|g|}}\delta|g| = \frac{1}{2\sqrt{|g|}}|g|g^{ab}\delta g_{ab} = \frac{1}{2}\sqrt{|g|}\, g^{ab}\, \delta g_{ab}$$

또는

$$\delta\sqrt{|g|} = -\frac{1}{2}\sqrt{|g|}\, g_{ab}\, \delta g^{ab}$$

이다. 따라서

$$\delta S = \int \sqrt{|g|}\left(R_{ab} - \frac{1}{2}R g_{ab}\right)\delta g^{ab}\, d^4 x = 0$$

으로부터 다음을 구할 수 있다.

$$R_{ab} - \frac{1}{2}R g_{ab} = 0$$

이것을 아인슈타인 방정식이라고 부른다. 이는 물질이 없는 빈 공

간에서의 아인슈타인 방정식이다. 물질이 있는 경우에는 물질에 대응하는 어떤 양 M_{ab}가 들어가서

$$R_{ab} - \frac{1}{2}Rg_{ab} = M_{ab}$$

가 된다.

여섯 번째 만남

·

블랙홀

슈바르츠실트의 블랙홀 _ 아인슈타인 방정식의 일반해

정교수   아인슈타인 방정식을 최초로 풀어 해를 구한 물리학자는 바로 슈바르츠실트야.

슈바르츠실트(Karl Schwarzschild, 1873~1916)

슈바르츠실트는 1873년 10월 9일 독일 프랑크푸르트암마인에서 유대인 부모의 6남 1녀 중 맏이로 태어났다. 그의 아버지는 직물 가게 두 곳을 운영했다. 슈바르츠실트는 11세까지 유대인 초등학교에 다녔고 다음에는 레싱 김나지움에서 공부했다. 그는 어릴 때부터 천문학에 특별한 관심을 보였고, 16세가 되기도 전에 천체역학 논문 두 편을 발표할 정도로 신동이었다.

1890년 김나지움을 졸업한 슈바르츠실트는 천문학을 공부하기 위해 스트라스부르 대학에 입학했다. 2년 후 그는 뮌헨 루트비히 막시

세상에서 가장 쉬운 과학 수업 일반상대성이론

밀리안 대학으로 편입하여, 1896년 앙리 푸앵카레의 이론에 대한 연구로 박사 학위를 받았다.

1900년경 뮌헨 대학

1897년부터 슈바르츠실트는 빈의 쿠프너 천문대에서 조수로 일하며 별빛의 강도, 노출 시간을 연구했다. 1901년부터 1909년까지 그는 괴팅겐 천문대의 교수가 되어 다비트 힐베르트, 헤르만 민코프스키 등과 공동 연구를 했다.

1909년 그는 괴팅겐 대학 외과 교수의 딸인 엘제 로젠바흐(Else Rosenbach)와 결혼했다. 그해 말에 그들은 포츠담으로 이사했고, 그곳에서 그는 천체물리학 천문대의 소장직을 맡았다.

1913년 독일 본에서 개최된 제5차 국제 태양 연구 협력 연합회의에 참석한 슈바르츠실트(왼쪽에서 세 번째)

　　1914년 제1차 세계대전이 발발하자 슈바르츠실트는 40세가 넘은 나이임에도 독일군에 자원입대했다. 그는 서부전선과 동부전선에서 포병 장교로 복무하면서 탄도 계산을 도왔다.

　　1915년 러시아 전선에서 복무하는 동안 그는 희귀한 자가면역성 피부병인 천포창[9]으로 고통받았다. 그럼에도 불구하고 그는 상대성이론 논문 두 편과 양자이론 논문 한 편을 썼다. 아인슈타인의 1915년 논문을 공부한 그는 곧바로 방정식의 정확한 해를 최초로 구했다.

　　1916년 3월, 슈바르츠실트는 병으로 인해 군 복무를 그만두고 괴

9] 피부와 점막에 수포를 형성하는 만성적인 물집 질환

팅겐으로 돌아왔다. 두 달 후인 5월 11일, 그는 천포창이 심해져 42세
의 나이로 사망했다.

슈바르츠실트의 묘비
(출처: Julian Herzog)

물리군 슈바르츠실트는 어떻게 아인슈타인의 방정식을 풀었죠?

정교수 아인슈타인은 자신의 방정식이 너무 복잡해 일반적인 해가
과연 구해질까 의문을 품었다네. 그래서 우주가 심하게 휘어져 있지
않은 경우를 생각해 근사적인 계산을 했지. 즉, 근사해를 구한 셈이
야. 이를 통해 아인슈타인은 태양 주위에서 별빛의 휘어짐을 예언할
수 있었어.

슈바르츠실트는 근사해가 아닌 일반해를 구해서 1915년 12월 22일에 아인슈타인에게 편지를 보냈다. 이는 그가 러시아 전선에서 군 복무하는 동안 쓴 것이었다. 그는 편지를 끝맺으면서 이런 말을 남겼다.

당신도 알다시피, 전쟁의 격렬한 포격 속에서도 나는 그 모든 것에서 벗어나 당신의 사상의 땅에서 이 길을 걸을 수 있었습니다.

– 슈바르츠실트

1916년 아인슈타인은 슈바르츠실트에게 다음과 같이 답장을 보냈다.

당신의 논문을 아주 흥미롭게 읽었습니다. 나는 그렇게 간단한 방법으로 문제의 정확한 해결책을 공식화할 수 있다고 기대하지 않았습니다. 그 주제에 대한 당신의 수학적 처리가 매우 마음에 듭니다. 다음 주 목요일에 나는 몇 마디의 설명을 덧붙여 아카데미에 당신의 결과물을 발표할 것입니다.

– 아인슈타인

슈바르츠실트가 구한 아인슈타인 방정식의 해는 구좌표계를 사용하면

$$ds^2 = \left(1 - \frac{r_s}{r}\right)c^2 dt^2 - \frac{1}{1 - \dfrac{r_s}{r}} dr^2 - r^2 d\theta^2 - r^2 \sin^2\theta d\phi^2$$

(6-1-1)

이다. 여기서 r_s를 슈바르츠실트 반지름이라고 부르며

$$r_s = \frac{2GM}{c^2}$$

이고 G는 중력 상수를, c는 광속을 뜻한다.

우리가 사용한 기호로 표현하면

$$x^0 = ct$$

$$x^1 = r$$

$$x^2 = \theta$$

$$x^3 = \phi$$

이고

$$\partial_0 = \frac{1}{c}\frac{\partial}{\partial t}$$

$$\partial_1 = \frac{\partial}{\partial r}$$

$$\partial_2 = \frac{\partial}{\partial \theta}$$

$$\partial_3 = \frac{\partial}{\partial \phi}$$

이다. 그러므로 슈바르츠실트 해는

$$g_{00} = 1 - \frac{r_s}{r}$$

$$g_{11} = -\frac{1}{1 - \dfrac{r_s}{r}}$$

$$g_{22} = -r^2$$

$$g_{33} = -r^2 \sin^2\theta$$

를 의미한다. 이것을 이용해 모든 크리스토펠 기호와 리만 텐서를 구하면 이 계량이 아인슈타인 방정식을 만족하는 것을 알 수 있다.

이때 계량은

$$g_{00} \geq 0$$

$$g_{11} \leq 0$$

$$g_{22} \leq 0$$

$$g_{33} \leq 0$$

을 만족하므로

$$r \geq r_s$$

를 얻는다.

물리군 $r < r_s$이면 어떤 일이 일어나죠?

정교수   물리학자들은 $r = r_s$를 사건의 지평선의 반지름이라 하고, $r \geq r_s$인 곳에서는 우리가 아는 물리학의 법칙이 성립하지만 $r < r_s$인 곳에서는 어떤 물리법칙이 적용되는지 알 수 없다고 생각한다네. 그리고 $r = r_s$를 블랙홀의 반지름, 그 내부를 블랙홀이라고 부르지.

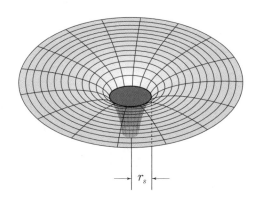

$r = r_s$이면 g_{11}이 무한대에 가까워져. 그러니까 블랙홀이 있으면 그 주위는 곡률이 어마어마하게 커지고, 그로 인해 시공간이 급격히 휘어질 거야. 다시 말해 사건의 지평선 주위의 빛은 아주 크게 휘어지게 되지. 모든 물체는 사건의 지평선 안으로 들어가면 나올 수가 없어. 심지어 빛의 경우도 사건의 지평선 안으로 빨려 들어가면 나오지 못한다네.

물리군   무거운 별이 죽으면 블랙홀이 된다고 알고 있어요.

정교수   별이 죽어서 만들어진 블랙홀을 항성 블랙홀이라고 불러. 항성 블랙홀의 모양을 공 모양으로 보고 이것을 슈바르츠실트 블랙홀로 가정하면, 슈바르츠실트 반지름이 바로 항성 블랙홀의 반지름이 되지.

뉴턴 역학에서의 블랙홀 _ 사건의 지평선에 숨겨진 비밀

물리군   왜 사건의 지평선 안으로 들어가면 빛조차도 탈출할 수 없는지 잘 모르겠어요.

정교수   그 문제를 이해하려면 뉴턴 역학에서의 블랙홀을 알 필요가 있어.

물리군   뉴턴 역학에 블랙홀이 나오나요?

정교수   블랙홀을 처음 연구한 사람은 영국의 미셸(John Michell, 1724~1793)이야. 그의 연구를 잠깐 소개할게.

미셸은 영국 요크셔 카운티의 평화로운 마을 손힐에서 교회의 교구장을 지냈다. 그는 케임브리지 대학에서 신학, 히브리어, 헬라어를 공부했을 뿐만 아니라 자연과학에도 흥미를 보였다.

그의 주요 관심사는 지질학이었다. 1755년 리스본 지진 이후에 발표한 한 논문에서 미셸은 지진을 전파하는 파동이 존재한다고 주장했다. 이 이론은 학계에 큰 반향을 일으켰고, 그는 런던 왕립학회 회원으로 인정받았다.

미셸은 1783년에 이 유명한 학회에서 별의 중력에 관한 연설을 하였다. 그는 중력이 충분히 크면 빛이 매우 무거운 별의 표면을 떠나지 않을 거라고 설명하면서 사고실험을 사용했다. 그리고 '그러한 물체가 실제로 자연에 존재한다면, 그 빛은 결코 우리에게 도달하지 못할 것'이라고 추론했다.

질량이 M이고 반지름이 R인 공 모양의 천체를 생각하자. 천체의 중심에서 거리 r만큼 떨어진 곳에서의 질량 m인 물체의 속력을 v라고 하면 이 물체의 역학적 에너지는

$$E = \frac{1}{2}mv^2 - \frac{GMm}{r} \qquad\qquad (6\text{-}2\text{-}1)$$

이다. 미셸은 천체의 표면에서 v_0의 속력으로 발사된 질량 m인 물체를 생각했다. 이 물체의 역학적 에너지는

$$E = \frac{1}{2}mv_0^2 - \frac{GMm}{R} \qquad\qquad (6\text{-}2\text{-}2)$$

이다. 물체가 천체의 중력을 벗어나지 못하면 다시 천체로 되돌아온다. 되돌아오는 지점에서 물체의 속도는 0이 될 것이다. 그러니까 되돌아오는 지점이 천체의 중심으로부터 무한대의 거리에 있다면 이 물체는 천체로 되돌아오지 못한다고 생각할 수 있다. 즉, 천체의 중력으로부터 완전히 탈출하는 것이다. 미셸은 이때의 발사 속도 v_0을 탈출속도라고 불렀다.

식 (6-2-1)에 $v = 0$, $r \to \infty$를 넣으면

$$E = 0$$

이 된다. 역학적 에너지 보존법칙에 의해

$$0 = \frac{1}{2}mv_0^2 - \frac{GMm}{R}$$

이므로 천체에 대한 탈출속도는

$$v_0 = \sqrt{\frac{2GM}{R}}$$

이다. 미셸은 이 속도가 빛의 속도보다 크다면 빛조차도 탈출할 수 없는 천체가 된다고 생각했다. 따라서

$$v_0 \geq c$$

를 풀면

$$R \leq \frac{2GM}{c^2}$$

이 나온다. 즉, 질량 M인 천체의 반지름이 $\dfrac{2GM}{c^2}$ 보다 작으면 빛도 빠져나오지 못하는 천체가 되는데 미셸은 이 천체를 암흑별이라고 칭했다. 이것이 나중에 블랙홀로 불리게 된 것이다.

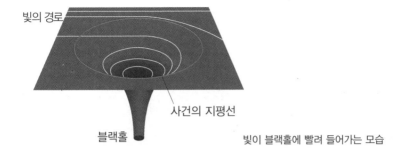

빛의 경로

사건의 지평선

블랙홀

빛이 블랙홀에 빨려 들어가는 모습

블랙홀 물리학의 영웅들 _ 네 명의 물리학자

정교수　이제 블랙홀 연구로 유명한 네 명의 물리학자들을 알아보려고 해. 첫 번째로 소개할 사람은 미국의 휠러 교수야.

휠러(John Archibald Wheeler, 1911~2008, 사진 출처: Emielke/Wikimedia Commons)

　휠러는 1911년 미국 플로리다주 잭슨빌에서 태어났다. 1926년 볼티모어 시티 칼리지 고등학교를 졸업한 그는 메릴랜드주에서 장학금을 받고 존스 홉킨스 대학에 입학했다.

존스 홉킨스 대학

그는 국립 표준국(National Bureau of Standards)에서 여름 연구의 일환으로 1930년에 첫 번째 과학 논문을 발표했다. 그리고 1933년에 〈헬륨의 분산 및 흡수 이론〉으로 박사 학위를 받았다. 그는 1934년과 1935년에 코펜하겐의 닐스 보어 밑에서 연구했고, 1934년 논문에서 브라이트와 함께 광자가 전자-양전자 쌍의 형태로 변환하는 메커니즘인 브라이트-휠러 프로세스(Breit-Wheeler process)를 발표했다.

1938년 휠러는 프린스턴 대학 물리학과 교수가 되어 1976년까지 재직했다. 그는 양전자가 시간을 거꾸로 이동하는 전자라는 개념을 고려하여 1940년에 단일 전자 우주(one-electron universe) 가정을 제시했다.

세상에서 가장 쉬운 과학 수업 일반상대성이론

1950년대에 휠러는 중력 및 전자기력과 같은 모든 물리적 현상을 휘어진 시공간의 기하학적 특성에 대한 물리적 및 존재론적으로 환원하는 프로그램인 기하동역학(geometrodynamics)을 공식화했다.

일반상대성이론을 연구하는 물리학자들이 흔치 않았던 당시에도 휠러는 프린스턴 대학에서 이 연구를 지속했다. 1957년 아인슈타인의 일반상대성이론에 대한 수학적 확장 작업을 하는 동안, 휠러는 시공간의 가상 '터널'을 설명하기 위해 '웜홀' 개념을 도입했다. 일반상대성이론에 대한 그의 연구에는 중력붕괴 이론이 포함되어 있었다. 그는 1967년 NASA 고더드 우주 연구소(GISS)에서 한 연설 중에 '블랙홀'이라는 용어를 처음으로 언급했다.

물리군 두 번째로 등장하는 물리학자는 누구죠?

정교수 영국의 펜로즈야.

펜로즈(Roger Penrose, 1931~, 2020년 노벨 물리학상 수상, 사진 출처: Cirone—Musi, Festival della Scienza)

펜로즈는 영국 에식스주 콜체스터에서 태어났다. 그의 부모님은 두 분 모두 의사였다. 그는 어린 시절을 아버지가 일하던 캐나다 온타리오주에서 보냈다.

1952년 펜로즈는 유니버시티 칼리지 런던(UCL)을 졸업하였고, 1958년 케임브리지의 세인트존스 칼리지에서 대수기하학의 텐서 방법에 관한 연구로 박사 학위를 취득하였다. 이후 프린스턴 대학, 킹스 칼리지 런던, 시러큐스 대학 등을 거쳐 옥스퍼드 대학에서 교수 생활을 했다.

1954년 당시 학생이었던 펜로즈는 암스테르담에서 열린 회의에 참석하던 중 우연히 에스허르(Maurits Cornelis Escher, 1898~1972, 네덜란드의 그래픽 아티스트)의 작품 전시회를 보게 되었다. 곧 그는 자신만의 불가능한 도형을 떠올리다가 단단한 3차원 물체처럼 보이지만 실제로는 그렇지 않은 삼각형인 펜로즈 삼각형을 발견했다.

세상에서 가장 쉬운 과학 수업 일반상대성이론

펜로즈는 정신과 의사인 아버지와 함께 위아래로 동시에 반복되는 펜로즈 계단을 디자인했다. 그들은 이것을 '계단의 연속적인 비행'이라고 명명했다.

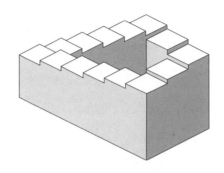

펜로즈 삼각형과 펜로즈 계단에서 영감을 얻은 에스허르는 펜로즈에게 다음과 같은 편지를 보냈다.

당신의 그림 '계단의 연속적인 비행'은 나에게 완전히 새로운 것이었고, 나는 그 아이디어에 너무 매료되어 최근에 새로운 그림을 그릴 수 있었습니다. 앞으로도 불가능한 물건에 대해 알고 있다면 제게 내용을 보내주시면 감사하겠습니다.

– 에스허르

에스허르는 1960년 3월에 펜로즈의 계단에서 영감을 얻어 〈오름차순과 내림차순〉이라는 제목의 석판화를 완성했다. 이 석판화에서는 똑같은 옷을 입은 남자들이 계단에 두 줄로 늘어서 있는데, 한 줄은 올라가고 다른 줄은 내려간다. 끝없는 계단 위에는 두 인물이 서로 떨어져 있는데 한 명은 한적한 안뜰에, 다른 한 명은 낮은 계단에 앉아 있다.

펜로즈는 1956년과 1957년에 런던 베드퍼드 칼리지에서 강사로 근무했고, 그 후 케임브리지 세인트존스 칼리지에서 연구원으로 있었다. 3년 동안 연구원으로 근무하면서 1959년에 조앤 이저벨 웨지(Joan Isabel Wedge)와 결혼했다. 펜로즈는 1959년부터 1961년까지 프린스턴 대학과 시러큐스 대학의 연구원이 되었다. 이때부터 그는 우주론에 관한 논문들을 발표하기 시작했다.

런던 대학에 돌아온 펜로즈는 1961년부터 1963년까지 2년 동안 킹스 칼리지 런던에서 연구원으로 일했다. 그리고 미국으로 돌아가 1963년부터 1964년까지 텍사스 대학의 방문 조교수로 있었다. 이후 1966년부터 1967년까지와 1969년에 예시바, 프린스턴 및 코넬 대학에서 방문 교수직을 맡았다.

1983년부터 1987년까지 펜로즈는 미국 휴스턴에 있는 라이스 대학의 교수로 재직했다. 그 후 뉴욕 시러큐스 대학에서 일한 뒤 펜실베이니아 주립대학, 옥스퍼드 대학 등에서 석좌교수를 지냈다.

물리군 세 번째 물리학자는 누구인가요?
정교수 미국의 킵 손이야.

킵 손(Kip Stephen Thorne, 1940~, 2017년 노벨 물리학상 수상, 사진 출처: Keenan Pepper/Wikimedia Commons)

킵 손은 1940년 미국 유타주 로건에서 태어났다. 그의 아버지 디윈 손(D. Wynne Thorne, 1908~1979)은 유타 주립대학의 토양화학 교수였으며, 어머니 앨리슨(1914~2004)은 경제학자이자 아이오와 주립대학에서 경제학 박사 학위를 받은 최초의 여성이었다.

어릴 때부터 학업 성적에서 두각을 나타낸 킵 손은 로건 고등학교를 졸업해 1962년 캘리포니아 공과대학(Caltech)에서 학사 학위를, 1965년 프린스턴 대학에서 〈원통형 시스템의 기하동역학〉이라는 제목의 논문으로 박사 학위를 받았다.

킵 손은 1967년 캘리포니아 공과대학의 교수가 되었고, 1970년에 30세의 나이로 대학교 역사상 최연소 정교수가 되었다. 그는 1971년부터 1998년까지 유타 대학의 겸임 교수로, 1986년부터 1992년까지 코넬 대학의 교수로 재직했다.

1972년 강의실에서 토론 중. 왼쪽에서 세 번째가 킵 손(출처: A. T. Service/Wikimedia Commons)

2009년 6월, 그는 글쓰기와 영화 제작에 전념하기 위해 교수직을 사임했다. 그의 첫 번째 영화 프로젝트는 크리스토퍼 놀런, 조너선 놀런과 함께 작업한 〈인터스텔라〉였다.

수년 동안 킵 손은 일반상대성이론의 관찰, 실험 또는 천체물리학적 측면을 연구하는 많은 주요 이론가들의 멘토이자 논문 고문으로 일했다. 그는 중력과 천체물리학 발견의 흥분과 중요성을 전문가와 일반 청중 모두에게 전달하는 능력으로 유명했다. 블랙홀, 중력 복사, 상대성이론, 시간 여행, 웜홀과 같은 주제에 대한 그의 발표는 미국의 PBS 쇼와 영국의 BBC에서도 방송되었다.

물리군 마지막으로 등장하는 물리학자는 누구예요?

정교수 영국의 스티븐 호킹이야.

호킹(Stephen William Hawking, 1942~2018)

호킹은 1942년 영국 옥스퍼드에서 태어났다. 그의 부모는 모두 옥스퍼드 대학 출신이었고 아버지는 의학 연구자였다. 1950년 호킹의 아버지가 국립 의학 연구소(National Institute for Medical Research)의 기생충학 부서장이 되었을 때, 가족은 하트퍼드셔의 세인트올번스로 이사했다.

8세 때 호킹은 세인트올번스 여학교에 다녔다. 이 학교는 4세부터 18세까지 여성들의 교육을 위한 학교였지만 10세 이하의 남자아이들도 다닐 수 있었다.

13세가 되었을 때 호킹은 런던의 웨스트민스터 학교에 진학하기 위해 장학생 선발 시험을 준비했지만, 시험 당일 병이 나는 바람에 응시할 수 없었다.

웨스트민스터 학교(출처: Cmglee/Wikimedia Commons)

그 후 호킹은 세인트올번스에서 중고등학교 시절을 보냈다. 그는 손재주가 좋아 불꽃놀이 제조, 모형 비행기 및 보트 제작 등을 즐겼다. 1958년에는 시계 부품, 오래된 전화 교환대 및 기타 재활용 부품으로 컴퓨터를 만들기도 했다.

학교에서는 '아인슈타인'이라는 별명으로 불렸지만, 그가 처음부터 학문적으로 뛰어났던 건 아니었다. 시간이 지남에 따라 과학 과목에 상당한 소질을 보이기 시작한 그는 대학에서 수학을 전공하기로 결심했다. 호킹의 아버지는 수학 졸업생을 위한 일자리가 거의 없는 것을 우려하여 그에게 의학을 공부하라고 조언했다. 그는 또한 아들이 자신의 모교인 옥스퍼드 유니버시티 칼리지에 다니기를 원했다. 하지만 호킹은 의학 대신 물리학과 화학을 공부하기로 마음먹었다.

그는 1959년 10월 17세의 나이로 옥스퍼드 유니버시티 칼리지에 입학했다. 대학 시절 호킹은 클래식 음악과 공상과학소설에 흥미가

세상에서 가장 쉬운 과학 수업 일반상대성이론

있었고, 보트 클럽에 가입하기도 했다.

이론물리학에 관심이 많았던 호킹은 졸업 시험에서 1급 우등생과 2급 우등생의 경계선에 있었기 때문에 옥스퍼드 시험관과의 구두시험을 봐야 했다. 그는 구두시험에서 앞으로의 계획을 설명해 달라는 요청에 이렇게 답했다.

"저에게 1급 우등상을 주신다면 저는 케임브리지에 갈 것입니다. 만약 2급 우등상을 받는다면 옥스퍼드에 남을 것입니다. 당신이 저에게 1급 우등상을 줄 것으로 기대합니다."

구두시험의 시험관들은 호킹에게 1급 우등상을 주었고, 호킹은 1962년 10월에 케임브리지 트리니티 칼리지의 대학원 과정에 진학할 수 있었다.

옥스퍼드에서의 마지막 해에 호킹은 계단에서 넘어지고 노를 젓는 데 어려움을 겪는 등 몸이 안 좋아졌고 말이 어눌해지기 시작했다. 가족들은 그가 성탄절에 집으로 돌아왔을 때 그의 변화를 알아차렸다. 그는 병원을 찾았고 검사 결과는 케임브리지의 대학원 생활 첫해인 1963년에 나왔다. 병명은 운동신경 질환이었다. 그때 호킹의 나이는 21세였다. 의사들은 그에게 2년 정도밖에 살 수 없다고 말했다.

이 일로 호킹은 우울증에 빠졌다. 그는 부축을 받지 않고는 걷기가 어려웠고, 그의 말은 거의 알아들을 수 없었다. 하지만 그의 병은 의사들이 예상했던 것보다 더 느리게 진행되었다. 그가 2년밖에 살지 못한다는 초기 진단은 옳지 않은 것으로 판명되었다.

대학원에서 호킹은 아인슈타인의 일반상대성이론과 우주론을 공부했다. 그는 1966년 3월에 일반상대성이론과 우주론으로 응용수학 및 이론물리학 박사 학위를 취득했다.

1962년 한 파티에서 호킹은 미래의 아내 제인 와일드를 만났다. 두 사람은 1965년 7월 14일 고향인 세인트올번스에서 결혼했다. 호킹 부부 사이에는 1967년 5월에 태어난 로버트, 1970년 11월에 태어난 루시, 1979년 4월에 태어난 티머시의 세 자녀가 있다.

호킹과 제인(출처: www.flickr.com)

1960년대 후반, 호킹의 신체 능력은 쇠퇴하여 목발을 사용하고도 강의하기가 버거워졌다. 결국 그는 휠체어를 타기 시작했다. 1970년 호킹은 펜로즈와 공동으로 우주가 특이점에서 시작되어야 한다는 빅뱅 이론을 지지하는 논문을 발표했다. 1974년에는 블랙홀을 열역학제2법칙으로 설명하는 논문을 썼다.

1974년 호킹은 캘리포니아 공과대학의 객원교수로 임명되었다. 이곳에서 그는 킵 손과 공동 연구를 했다. 호킹은 이듬해 케임브리지 대학으로 돌아왔다. 1979년에 그는 케임브리지 대학의 수학 교수가 되었다.

1970년대 중후반은 블랙홀을 비롯하여 그것을 연구하는 물리학자들에 대한 대중의 관심이 높아지던 시기였다. 자연히 호킹의 텔레비전 인터뷰도 많아졌다.

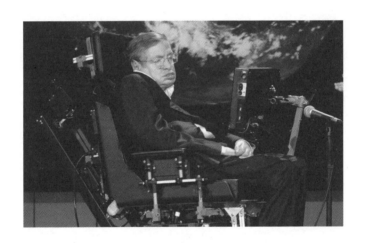

1982년에는 일반 대중이 쉽게 읽을 수 있는 우주에 대한 책을 쓰기로 결정했다. 그렇게 나온 책이 《시간의 역사》로 1984년에 완성되었다.

1983년 호킹은 짐 하틀(Jim Hartle)과 공동으로 연구한 하틀-호킹 상태(Hartle-Hawking state) 모델을 발표했다. 이 논문에서 두 사람은 빅뱅 이전에는 시간이 존재하지 않았음을 시사했다.

1980년대에 이르러 호킹의 건강은 극도로 나빠져서 가정에 간호사들을 고용했다. 간호사들은 매일 3교대로 그를 돌보았다.

1980년대 후반에 호킹은 간호사 중 한 명인 일레인 메이슨(Elaine Mason)과 가까워졌고, 1995년 제인과 이혼한 후 그해 9월에 메이슨과 결혼했다.

1999년 제인 호킹은 회고록 《별을 움직이는 음악》을 출간하여 호킹과의 결혼 생활과 그 파탄을 묘사했다. 그의 폭로는 언론에 큰 화제를 불러일으켰다. 2006년 호킹과 메이슨은 이혼했고, 호킹은 제인과 자녀들과 다시 가까이 지내기 시작했다. 이 행복했던 시기를 반영하여 2007년에 제인의 책의 개정판인 《Traveling to Infinity: My Life with Stephen》이 출간되었고, 2014년에는 〈사랑에 대한 모든 것〉이라는 영화가 제작되었다.

2006년 말, 호킹은 BBC 인터뷰에서 자신이 이루지 못한 가장 큰 꿈 중 하나가 우주여행이라고 밝혔다. 이 이야기를 들은 버진 그룹 총수 리처드 브랜슨은 자회사인 버진 걸랙틱을 통해 우주로 무료 비행하는 것을 제안했고, 호킹은 즉시 이를 수락했다. 2007년 4월 26일, 호킹은 플로리다 해안에서 특수 개조된 보잉 727-200 제트기를 타고 비행하여 무중력 상태를 경험했다.

세상에서 가장 쉬운 과학 수업 일반상대성이론

2007년 4월 저중력 항공기를 타고 무중력 비행을 하는 호킹(출처: Jim Campbell/Aero-News Network/Wikimedia Commons)

2018년 3월 14일, 호킹은 케임브리지의 자택에서 76세의 나이로 사망했다. 가족들은 그가 "평화롭게 죽었다"고 말했다. 그의 장례식은 3월 31일에 케임브리지의 그레이트 세인트 메리 교회에서 거행되었다. 장례식에는 영화 〈사랑에 대한 모든 것〉의 배우 에디 레드메인과 펠리시티 존스, 록그룹 퀸의 기타리스트이자 천체물리학자인 브라이언 메이, 모델 릴리 콜, 배우 베니딕트 컴버배치, 우주 비행사 팀 피크, 천문학자 마틴 리스, 물리학자 킵 손 등이 참석했다. 6월 15일에 웨스트민스터 사원에서 감사 예배가 열렸고, 그의 유골은 뉴턴과 찰스 다윈의 무덤 사이에 있는 수도원 본당에 안장되었다.

블랙홀 물리학 _ 특이점과 증발하는 블랙홀

정교수　그럼 블랙홀의 물리학에 대해 이야기해 볼게. 슈바르츠실트가 발견한 아인슈타인 방정식의 해는 블랙홀 물리학을 탄생시켰지. 그런데 슈바르츠실트의 해를 보면 $r = 0$인 경우에도 계량은 무한대가 돼. 즉, 블랙홀의 중심에서 중력가속도와 같은 물리량 등은 무한대이고 모든 물질은 수학적으로 한 점에 압축되어야 하지. 이 점을 특이점이라고 하는데 펜로즈와 호킹이 이에 대한 연구를 많이 했어.

사건의 지평선

특이점

특이점은 일반상대성이론에서 자주 등장하는 매우 중요한 개념인데, 호킹은 특이점을 유한한 거리에 위치한 시공간 경계의 일부로 정의했다. 펜로즈는 공 모양의 천체가 중력붕괴 할 경우 일반적으로 특이점 생성을 피할 수 없음을 보였다. 이로써 실제로 블랙홀이 만들어질 수 있는 것을 강력하게 시사했다. 펜로즈는 이 연구로 2020년에 노벨 물리학상을 수상했다. 호킹도 같은 방법으로 현재 팽창하고 있는 우주는 과거에 무한대의 밀도를 가진 특이점에서 시작되었다고 주장했다.

일반상대성이론에서 특이점은 일반상대성이론으로 설명할 수 없는 곳이다. 예를 들어 블랙홀 중심에는 블랙홀 전체의 질량이 점으로 존재해야 한다고 일반상대성이론은 말한다. 하지만 크기가 0에 매우 가까워지고 시공간의 곡률이 아주 커지면 양자역학적 효과가 중요해진다. 우리는 아직 양자 중력 이론을 완성하지 못했으므로 특이점이 양자역학적 효과에 의해 어떤 시공간 또는 물질 상태로 존재하는지 짐작조차 할 수 없다. 호킹이 양자론을 블랙홀에 적용하여 최초로 얻은 결론은 매우 놀라운 결과였다. 블랙홀이 증발하여 사라질 수 있다는 것이었다.

물리군   블랙홀이 어떻게 사라지죠?

정교수   무거운 별의 종말로 만들어진 블랙홀이나 거대 블랙홀의 경우는 그 크기가 크기 때문에 양자론이 적용되지 않아. 그러나 블랙홀의 크기가 양성자 정도라면 얘기는 달라져. 이러한 블랙홀은 온도가 아주 높고 그 크기가 매우 작은 우주 초기에 만들어졌다 사라지지. 이제 호킹의 증발하는 블랙홀에 대해 자세히 알아볼까?

우주 초기에 크기는 양성자 정도이고 질량은 10억 톤 정도인 초미니 블랙홀이 만들어진다. 이때 블랙홀의 사건의 지평선 주위에서 입자와 반입자의 쌍이 생겨난다. 음의 에너지를 가진 반입자가 블랙홀로 빨려 들어가고 블랙홀은 에너지를 보존하기 위해 양의 에너지를 가진 입자들을 방출하기 시작한다. 블랙홀에서는 빨아들인 반입자와 블랙홀을 구성하는 입자가 만나 빛으로 변해 이 빛이 우주로 방출된다. 이 과정에서 블랙홀은 점점 질량을 잃어버리고 그 부분의 시공간은 평평해지면서 블랙홀이 사라지는데 이것을 블랙홀의 증발이라고 부른다.

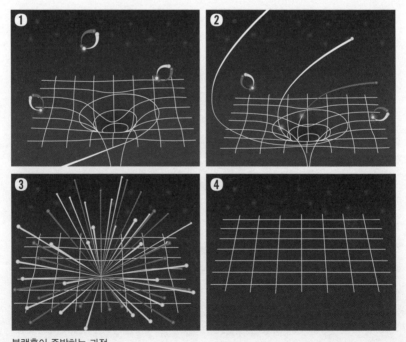

블랙홀이 증발하는 과정

웜홀 _ 시공간의 두 지점을 잇는 터널

정교수　이제 웜홀에 대해 알아보려고 해. 1935년 아인슈타인과 로젠은 대칭을 통해 모든 물질을 흡수하기만 하는 블랙홀의 반대편에 모든 물질을 방출하기만 하는 화이트홀이 있을 거라고 주장했어. 그리고 블랙홀과 화이트홀을 연결하는 통로를 아인슈타인-로젠 다리라고 불렀지.

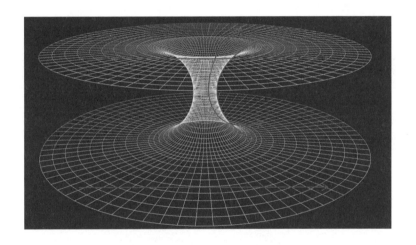

그 후 미국의 휠러는 아인슈타인-로젠 다리가 서로 다른 우주로 통하는 터널이 아니라 우리 우주로 다시 되돌아오는 터널로 생각하는 것이 더 사리에 맞다고 보았어. 그리고 이렇게 시공간의 두 지점을 잇는 터널에 웜홀이라는 이름을 붙였다네.

웜홀은 '벌레 구멍'이라는 뜻인데, 두 지점을 잇는 아인슈타인-로젠 다리의 모습이 과일 속에 벌레가 파먹어서 생긴 가느다란 길과 비슷해서 붙은 이름이야.

세상에서 가장 쉬운 과학 수업 일반상대성이론

만남에 덧붙여

Outline of a Generalized Theory of Relativity and of a Theory of Gravitation

I. Physical Part
by Albert Einstein

II. Mathematical Part
by Marcel Grossmann

[Teubner, Leipzig, 1913]

I
Physical Part

The theory expounded in what follows derives from the conviction that the proportionality between the inertial and the gravitational mass of bodies is an exactly valid law of nature that must already find expression in the very foundation of theoretical physics. I already sought to give expression to this conviction in several earlier papers by seeking to reduce the *gravitational* mass to the *inertial* mass;[1] this endeavor led me to the hypothesis that, from a physical point of view, an (infinitesimally extended, homogeneous) gravitational field can be completely replaced by a state of acceleration of the reference system. This hypothesis can be expressed pictorially in the following way: An observer enclosed in a box can in no way decide whether the box is at rest in a static gravitational field, or whether it is in accelerated motion, maintained by forces acting on the box, in a space that is free of gravitational fields (equivalence hypothesis). [2]

We know the fact that the law of proportionality of inertial and gravitational mass is satisfied to an extraordinary degree of accuracy from the fundamentally important investigation by Eötvös,[2] which is based on the following argument. A body at rest on the surface of the Earth is acted upon by gravity as well as by the centrifugal force resulting from Earth's rotation. The first of these forces is

---

[1] A. Einstein, *Ann. d. Phys.* 35 (1911): 898; 38 (1912):355; 38 (1912): 443.   [1]

[2] B. Eötvös, *Mathematische und naturwissenschaftliche Berichte aus Ungarn* 8 (1890); Wiedemann's *Beiblätter* 15 (1891): 688.   [3]

proportional to the gravitational mass, and the second to the inertial mass. Thus, the direction of the resultant of these two forces , i.e., the direction of the apparent gravitational force (direction of the plumb) would have to depend on the physical nature of the body under consideration if the proportionality of the inertial and gravitational mass were not satisfied. In that case the apparent gravitational forces acting on parts of a heterogeneous rigid system would, in general, not merge into a resultant; instead, in general, there would still be a torque associated with the apparent gravitational forces that would have to make itself noticeable if the system were suspended from a torsion-free thread. By having established the absence of such torques with great care, Eötvös proved that, for the bodies that he investigated, the relationship of the two masses was independent of the nature of the body to such a degree of exactness that the relative difference in this relationship that might still exist from one substance to another must be smaller than one twenty-millionth.

The decomposition of radioactive substances occurs with a release of such significant quantities of energy that the change in the inertial mass of the system that corresponds to that energy decrease according to the theory of relativity is not very small relative to the total mass.[3] In the case of the decay of radium, for example, this decrease amounts to one ten-thousandth of the total mass. If these changes of the inertial mass did not correspond to changes in the *gravitational* mass, then there would have to be deviations of the inertial mass from the gravitational mass much greater than those allowed by Eötvös's experiments. Hence it must be considered very probable that the identity of the inertial and gravitational mass is exactly satisfied. For these reasons it seems to me that the equivalence hypothesis, which asserts the essential physical identity of the gravitational with the inertial mass, possesses a high degree of probability.[4]

[5]

§1. Equations of Motion of the Material Point in the Static Gravitational Field

According to the customary theory of relativity,[5] in the absence of forces a point moves according to the equation

(1) $$\delta\left\{\int ds\right\} = \delta\left\{\int \sqrt{-dx^2 - dy^2 - dz^2 + c^2 dt^2}\right\} = 0.$$

For this equation states that the material point moves rectilinearly and uniformly. This is the equation of motion in the form of Hamilton's principle; for we can also

---

[4] [3]The decrease of the inertial mass corresponding to the released energy E is, as we know, E/c^2, if c denotes the velocity of light.

[4]Cf. also §7 of this paper.

[6] [5]Cf. M. Planck, *Verh. d. deutsch. phys. Ges.* (1906): 136.

set

(1a)
$$\delta\left(\int H dt\right) = 0,$$

where

$$H = -\frac{ds}{dt} m$$

is posited, if m designates the rest mass of the material point. From this we obtain, in the familiar way, the momentum J_x, J_y, J_z, and the energy E of the moving point:

(2)
$$\begin{cases} J_x = m\dfrac{\partial H}{\partial \dot{x}} = m\dfrac{\dot{x}}{\sqrt{c^2 - q^2}}; \text{ etc.} \\[4mm] E = \dfrac{\partial H}{\partial \dot{x}}\dot{x} + \dfrac{\partial H}{\partial \dot{y}}\dot{y} + \dfrac{\partial H}{\partial \dot{z}}\dot{z} - H = m\dfrac{c^2}{\sqrt{c^2 - q^2}}. \end{cases}$$

[7]

This mode of representation differs from the customary one only by the fact that in the latter J_x, J_y, J_z, and E contain also a factor c. But since c is constant in the customary theory of relativity, the system given here is equivalent to the ordinary one. The only difference is that J and E possess dimensions other than those in the customary mode of representation.

I have shown in previous papers that the equivalence hypothesis leads to the consequence that in a static gravitational field the velocity of light c depends on the gravitational potential. This led me to the view that the customary theory of relativity [8] provides only an approximation to reality; it should apply only in the limit case where differences in the gravitational potential in the space-time region under consideration are not too great. In addition, I found again equations (1) or (1a) as the [9] equations of motion of a mass point in a static gravitational field; however, c is not to be conceived of here as a constant but rather as a function of the spatial coordinates that represents a measure for the gravitational potential. From (1a) we obtain in the familiar fashion the equations of motion

(3)
$$\frac{d}{dt}\left\{\frac{m\dot{x}}{\sqrt{c^2 - q^2}}\right\} = -\frac{mc\dfrac{\partial c}{\partial x}}{\sqrt{c^2 - q^2}}.$$

It is easy to see that the momentum is represented by the same expression as above. In general, equations (2) hold for the material point moving in the static gravitational field. The right-hand side of (3) represents the force $\Re_x$ exerted on the mass point by the gravitational field. For the special case of rest ($q = 0$) we have

$$\Re_x = -m\frac{\partial c}{\partial x}.$$

From this one sees that c plays the role of the gravitational potential.
From (2) it follows that for a slowly moving point

$$J_x = \frac{m\dot{x}}{c},$$

(4)

$$E - mc = \frac{\frac{1}{2}mq^2}{c}.$$

At a given velocity, the momentum and the kinetic energy are thus inversely proportional to the quantity c; in other words: the inertial mass, as it enters into the momentum and energy, is $\frac{m}{c}$, where m denotes a constant that is characteristic of the mass point and independent of the gravitational potential. This is consonant with Mach's daring idea that inertia has its origin in an interaction between the mass point under consideration and all of the other mass points; for if we accumulate masses in the vicinity of the mass point under consideration, we thereby decrease the gravitational potential c, thus increasing the quantity $\frac{m}{c}$ that is determinative of

[10]   inertia.

§2. Equations of Motion of the Material Point in an Arbitrary Gravitational Field. Characterization of the Latter

By introducing a spatial variability of the quantity c, we have breached the frame of the theory presently designated as the "relativity theory"; for now the expression designated by ds no longer behaves as an invariant with respect to orthogonal linear transformations of the coordinates. Thus, if the relativity principle is to be maintained—which is not to be doubted—then we must generalize the relativity theory in such a way that the theory of the static gravitational field whose elements have been indicated above will be contained in it as a special case.

If we introduce a new space-time system $K'(x', y', z', t')$ by means of an arbitrary substitution

$$x' = x'(x, y, z, t)$$
$$y' = y'(x, y, z, t)$$
$$z' = z'(x, y, z, t)$$
$$t' = t'(x, y, z, t),$$

and if the gravitational field in the original system K was static, then, upon this substitution, equation (1) goes over into an equation of the form

$$\delta\left\{\int ds'\right\} = 0,$$

where

$$ds'^2 = g_{11}dx'^2 + g_{22}dy'^2 + \ldots + 2g_{12}dx'dy' + \ldots,$$

and where the quantities $g_{\mu\nu}$ are functions of x', y', z', t'. If we put x_1, x_2, x_3, x_4 in place of x', y', z', t', and write again ds instead of ds', then the equations of motion [11] of the material point with respect to K' take the form

(1'')
$$\begin{cases} \delta\left\{\int ds\right\} = 0, \quad \text{where} \\ ds^2 = \sum_{\mu\nu} g_{\mu\nu}dx_\mu dx_\nu. \end{cases}$$

We thus arrive at the view *that in the general case the gravitational field is characterized by ten space-time functions*

$$\begin{matrix} g_{11} & g_{12} & g_{13} & g_{14} \\ g_{21} & g_{22} & g_{23} & g_{24} \\ g_{31} & g_{32} & g_{33} & g_{34} \\ g_{41} & g_{42} & g_{43} & g_{44} \end{matrix}$$

$(g_{\mu\nu} = g_{\nu\mu})$

which in the case of the customary theory of relativity reduce to [12]

$$\begin{matrix} -1 & 0 & 0 & 0 \\ 0 & -1 & 0 & 0 \\ 0 & 0 & -1 & 0 \\ 0 & 0 & 0 & +c^2, \end{matrix}$$

where c denotes a constant. The same kind of degeneration occurs in the static gravitational field of the kind considered above, except that in the latter case $g_{44} = c^2$ is a function of x_1, x_2, x_3. [13]

The Hamiltonian function H thus has the following value in the general case:

(5) $$H = -m\frac{ds}{dt} = -m\sqrt{g_{11}\dot{x}_1^2 + \cdots + 2g_{12}\dot{x}_1\dot{x}_2 + \cdots + 2g_{14}\dot{x}_1 + \cdots + g_{44}}.$$

The corresponding Lagrangian equations

(6) $$\frac{d}{dt}\left(\frac{\partial H}{\partial \dot{x}}\right) - \frac{\partial H}{\partial x} = 0$$

yield directly the expression for the momentum J of the point and for the force $\mathfrak{K}$

세상에서 가장 쉬운 과학 수업 일반상대성이론

exerted on it:

[14] (7)
$$J_x = -m \frac{g_{11}\ddot{x}_{11} + g_{12}\ddot{x}_2 + g_{13}\dot{x}_3 + g_{14}}{\dfrac{ds}{dt}}$$

$$= -m \frac{g_{11}d_1x + g_{12}dx_2 + g_{13}dx_3 + g_{14}dx_4}{ds},$$

$$(8) \quad \mathfrak{R}_x = -\frac{1}{2} m \frac{\sum_{\mu\nu} \dfrac{\partial g_{\nu\mu}}{\partial x_1} dx_\mu dx_\nu}{ds \cdot dt} = -\frac{1}{2} m \cdot \sum_{\mu\nu} \frac{\partial g_{\nu\mu}}{\partial x_1} \cdot \frac{dx_\mu}{ds} \cdot \frac{dx_\nu}{dt} \; *$$

Further, for the energy E of the point, one obtains

$$(9) \quad -E = -\left(\dot{x}\frac{\partial H}{\partial \dot{x}} + \cdot + \cdot\right) + H = -m\left(g_{41}\frac{dx_1}{ds} + g_{42}\frac{dx_2}{ds} + g_{43}\frac{dx_3}{ds} + g_{44}\frac{dx_4}{ds}\right).$$

In the case of the customary theory of relativity only linear orthogonal substitutions are permissible. It will turn out that we are able to set up equations for the influence of the gravitational field on the material processes that are covariant with respect to arbitrary substitutions.

[15] First, from the role that ds plays in the law of motion of the material point, we can draw the conclusion that ds must be an absolute invariant (scalar); from this it follows that the quantities $g_{\mu\nu}$ form a covariant tensor of the second rank,[6] which we call the covariant fundamental tensor. This tensor determines the gravitational field. Further, it follows from (7) and (9) that the momentum and the energy of the material point form together a covariant tensor of the first rank, i.e., a covariant vector.[7]

§3. The Significance of the Fundamental Tensor of the $g_{\mu\nu}$ for the Measurment of Space and Time

From the foregoing, one can already infer that there cannot exist relationships between the space-time coordinates x_1, x_2, x_3, x_4 and the results of measurements obtainable by means of measuring rods and clocks that would be as simple as those in the old relativity theory. With regard to time, this has already found to be true in the case of the static gravitational field.[8] The question therefore arises, what is the

---

[6]Cf. Part II, §1.

[7]Cf. Part II, §1.

[16] [8]Cf., e.g., A. Einstein, *Ann. d. Phys.* 35 (1911): 903 ff.

physical meaning (measurability in principle) of the coordinates x_1, x_2, x_3, x_4.

We note in this connection that ds is to be conceived as the invariant measure of the distance between two infinitely close space-time points. For that reason, ds must also possess a physical meaning that is independent of the chosen reference system. We will assume that ds is the "naturally measured" distance between the two space-time points, and by this we will understand the following. [17]

The immediate vicinity of the point (x_1, x_2, x_3, x_4) with respect to the coordinate system is determined by the infinitesimal variables dx_1, dx_2, dx_3, dx_4. We assume that, in their place, new variables $d\xi_1$, $d\xi_2$, $d\xi_3$, $d\xi_4$ are introduced by means of a linear transformation in such a way that

$$ds^2 = d\xi_1^2 + s\xi_2^2 + d\xi_3^2 - d\xi_4^2.$$

In this transformation the $g_{\mu\nu}$ are to be viewed as constants; the real cone $ds^2 = 0$ appears referred to its principal axes. Then the ordinary theory of relativity holds in this elementary $d\xi$ system, and the physical meaning of lengths and times shall be the same in this sytem as in the ordinary theory of relativity, i.e., ds is the square of the four-dimensional distance between two infinitely close space-time points, measured by means of a rigid body that is not accelerated in the $d\xi$-system, and by means of unit measuring rods and clocks at rest relative to it. [18]

From this one sees that, for given dx_1, dx_2, dx_3, dx_4, the natural distance that corresponds to these differentials can be determined only if one knows the quantities $g_{\mu\nu}$ that determine the gravitational field. This can also be expressed in the following way: the gravitational field influences the measuring bodies and clocks in a determinate manner. [19]

From the fundamental equation

$$ds^2 = \sum_{\mu\nu} g_{\mu\nu} dx_\mu dx_\nu$$

one sees that, in order to fix the physical dimensions of the quantities $g_{\mu\nu}$ and x_ν, yet another stipulation is required. The quantity ds has the dimension of a length. Likewise, we wish to view the x_ν (x_4 too) as lengths, and thus we do not ascribe any physical dimension to the quantities $g_{\mu\nu}$.

§4. The Motion of Continuously Distributed Incoherent Masses in an Arbitrary Gravitational Field

In order to derive the law of motion of continuously distributed incoherent masses, we calculate the momentum and the ponderomotive force per unit volume and apply the law of the conservation of momentum. [20]

To this end, we must first calculate the three-dimensional volume V of our mass

세상에서 가장 쉬운 과학 수업 일반상대성이론

point. We consider an infinitely small (four-dimensional) piece of the space-time thread of our material point. Its volume is

$$\int\int\int\int dx_1 dx_2 dx_3 dx_4 = Vdt.$$

If we introduce the natural differentials $d\xi$ in place of the dx, assuming that the measuring body is at rest with respect to the material point, we have to set

$$\int\int\int d\xi_1 d\xi_2 d\xi_3 = V_0,$$

i.e., equal to the "rest volume" of the material point. Further, we have

$$\int d\xi_4 = ds,$$

where ds has the same meaning as above.

If the dx are related to the $d\xi$ by the substitution

$$dx_\mu = \sum_\sigma \alpha_{\mu\sigma} d\xi_\sigma,$$

then we have

$$\int\int\int\int dx_1 dx_2 dx_3 dx_4 = \int\int\int\int \frac{\partial(dx_1, dx_2, dx_3, dx_4)}{\partial(d\xi_1, d\xi_2, d\xi_3, d\xi_4)} \cdot d\xi_1 d\xi_2 d\xi_3 d\xi_4$$

or

$$Vdt = V_0 ds \cdot |\alpha_{\rho\sigma}|.$$

But since

$$ds^2 = \sum_{\mu\nu} g_{\mu\nu} dx_\mu dx_\nu = \sum_{\mu\nu\rho\sigma} g_{\mu\nu} \alpha_{\mu\rho} \alpha_{\nu\sigma} d\xi_\rho d\xi_\sigma = d\xi_1^2 + d\xi_2^2 + d\xi_3^2 - d\xi_4^2,$$

there obtains the following relation between the determinant

$$g = |g_{\mu\nu}|,$$

i.e., the discriminant of the quadratic differential form ds^2, and the substitution determinant $|\alpha_{\rho\sigma}|$:

$$g \cdot (|\alpha_{\rho\sigma}|)^2 = -1,$$

$$|\alpha_{\rho\sigma}| = \frac{1}{\sqrt{-g}}.$$

Thus, one obtains the following relation for V:

$$Vdt = V_0 ds \cdot \frac{1}{\sqrt{-g}}.$$

From this one obtains with the help of (7), (8), and (9), if one substitutes ρ_0 for

$$\frac{m}{V_0},$$

$$\frac{J_x}{V} = -\rho_0\sqrt{-g}\cdot\sum_\nu g_{1\nu}\frac{dx_\nu}{ds}\cdot\frac{dx_4}{ds},$$

$$-\frac{E}{V} = -\rho_0\sqrt{-g}\cdot\sum_\nu g_{4\nu}\frac{dx_\nu}{ds}\cdot\frac{dx_4}{ds},$$

$$\frac{\mathfrak{K}_x}{V} = -\frac{1}{2}\rho_0\sqrt{-g}\cdot\sum_{\mu\nu}\frac{\partial g_{\mu\nu}}{\partial x_1}\cdot\frac{dx_\mu}{ds}\cdot\frac{dx_\nu}{ds}.$$

We note that

$$\Theta_{\mu\nu} = \rho_0\frac{dx_\mu}{ds}\cdot\frac{dx_\nu}{ds} \qquad [21]$$

is a second-rank contravariant tensor with respect to arbitrary substitutions. From the foregoing one surmises that the momentum-energy law will have the form

(10)
$$\sum_{\mu\nu}\frac{\partial}{\partial x_\nu}(\sqrt{-g}\cdot g_{\sigma\mu}\Theta_{\mu\nu}) - \frac{1}{2}\sum_{\mu\nu}\sqrt{-g}\cdot\frac{\partial g_{\mu\nu}}{\partial x_\sigma}\Theta_{\mu\nu} = 0. \qquad (\sigma = 1,2,3,4) \quad [22]$$

The first three of these equations ($\sigma = 1,2,3$) express the momentum law, and the last one ($\sigma = 4$) the energy law. It turns out that these equations are in fact covariant with respect to arbitrary substitutions.[9] Also, the equations of motion of the material point from which we started out can be rederived from these equations by integrating over the thread of flow.

We call the tensor $\Theta_{\mu\nu}$ the (contravariant) *stress-energy tensor of the material flow*. We ascribe to equation (10) a validity range that goes far beyond the special case of the flow of incoherent masses. The equation represents in general the energy [23] balance between the gravitational field and an arbitrary material process; one has only to substitute for $\Theta_{\mu\nu}$ the stress-energy tensor corresponding to the material system under consideration. The first sum in the equation contains the space derivatives of the stresses or of the density of the energy flow, and the time derivatives of the momentum density or of the energy density; the second sum is an expression for the effects exerted by the gravitational field on the material process.

§5. The Differential Equations of the Gravitational Field

Having established the momentum-energy equation for material processes (mechanical, electrical, and other processes) in relation to the gravitational field, there remains for us only the following task. Let the tensor $\Theta_{\mu\nu}$ for the material process be given.

---

[9]Cf. Part II, §4, No. 1.

세상에서 가장 쉬운 과학 수업 일반상대성이론

What differential equations permit us to determine the quantities g_{ik}, i.e., the gravitational field? In other words, we seek the generalization of Poisson's equation

$$\Delta \varphi = 4\pi k \rho .$$

We have not found a method for the solution of this problem as thoroughly compelling as that for the solution of the problem discussed previously. It would be necessary to introduce several assumptions whose correctness seems plausible but not evident.

The generalization that we seek would likely have the form

(11) $$\kappa \cdot \Theta_{\mu\nu} = \Gamma_{\mu\nu} ,$$

where κ is a constant and $\Gamma_{\mu\nu}$ a second-rank contravariant tensor derived from the fundamental tensor $g_{\mu\nu}$ by differentiatial operations. In line with the Newton-Poisson law one would be inclined to require that these equations (11) be *second order*. But it must be stressed that, given this assumption, it proves impossible to find a differential expression $\Gamma_{\mu\nu}$ that is a generalization of $\Delta \varphi$ and that proves to be a *tensor* with respect to *arbitrary* transformations.[10] To be sure, it cannot be negated a priori that the final, exact equations of gravitation could be of higher than second order. Therefore there still exists the possibility that the perfectly exact differential equations of gravitation could be covariant with respect to *arbitrary* substitutions. But given the present state of our knowledge of the physical properties of the gravitational field, the attempt to discuss such possibilities would be premature. For that reason we have to confine ourselves to the second order, and we must therefore forgo setting up gravitational equations that are covariant with respect to arbitrary transformations. Besides, it should be emphasized that we have no basis whatsoever [24] for assuming a general covariance of the gravitational equations.[11]

The Laplacian scalar $\Delta \varphi$ is obtained from the scalar φ if one forms the expansion (the gradient) of the latter and then the inner operator (the divergence) of this. Both operations can be generalized in such a way that one can carry them out on every tensor of arbitrarily high rank, namely while permitting arbitrary substitutions of the basic variables.[12] But these operations degenerate if they are carried out on the fundamental tensor $g_{\mu\nu}$.[13] From this it seems to follow that the equations sought will be covariant only with respect to a particular group of transformations, [25] which group, however, is as yet unknown to us.

---

[10]Cf. Part II, §4, No. 2.
[11]Cf. also the arguments given at the beginning of §6.
[12]Part II, §2.
[13]Cf. the remark on p. 28 in Part II, §2.

Given this state of affairs, and in view of the old theory of relativity, it seems natural to assume that *the transformation group we are seeking also includes the linear transformations.* Hence we require that $\Gamma_{\mu\nu}$ be a tensor with respect to arbitrary linear transformations.

Now it is easy to prove (by carrying out the transformation) the following theorems:

[26]

1. If $\Theta_{\alpha\beta\dots\lambda}$ is a contravariant tensor of rank n with respect to linear transformations, then

$$\sum_{\mu} \gamma_{\mu\nu} \frac{\partial \Theta_{\alpha\beta\dots\lambda}}{\partial x_{\mu}}$$

is a contravariant tensor of rank $n + 1$ with respect to linear transformations (expansion).[14]

2. If $\Theta_{\alpha\beta\dots\lambda}$ is a contravariant tensor of rank n with respect to linear transformations, then

$$\sum_{\lambda} \frac{\partial \Theta_{\alpha\beta\dots\lambda}}{\partial x_{\lambda}}$$

is a contravariant tensor of rank $n - 1$ with respect to linear transformations (divergence).

If one carries out these two operations on a tensor in succession, one obtains a tensor of the same rank as the original one (operation Δ, carried out on a tensor). For the fundamental tensor $\gamma_{\mu\nu}$ one obtains

(a)
$$\sum_{\alpha\beta} \frac{\partial}{\partial x_{\alpha}} \left(\gamma_{\alpha\beta} \frac{\partial \gamma_{\mu\nu}}{\partial x_{\beta}} \right).$$

[27]

One can also see from the following argument that this operator is related to the Laplacian operator. In the theory of relativity (absence of gravitational field) one would have to set

$$g_{11} = g_{22} = g_{33} = -1, \quad g_{44} = c^2, \quad g_{\mu\nu} = 0, \text{ for } \mu \neq \nu;$$

hence
$$\gamma_{11} = \gamma_{22} = \gamma_{33} = -1, \quad \gamma_{44} = \frac{1}{c^2}, \quad \gamma_{\mu\nu} = 0, \text{ for } \mu \neq \nu.$$

If a gravitational field is present that is sufficiently weak, i.e., if the $g_{\mu\nu}$ and $\gamma_{\mu\nu}$ differ only infinitesimally from the values just given, then one obtains instead of the expression (a), neglecting the second-order terms,

---

[14] $\gamma_{\mu\nu}$ is the contravariant tensor reciprocal to $g_{\mu\nu}$ (Part II, §1).

세상에서 가장 쉬운 과학 수업 일반상대성이론

$$-\left(\frac{\partial^2 \gamma_{\mu\nu}}{\partial x_1^2} + \frac{\partial^2 \gamma_{\mu\nu}}{\partial x_2^2} + \frac{\partial^2 \gamma_{\mu\nu}}{\partial x_3^2} - \frac{1}{c^2}\frac{\partial^2 \gamma_{\mu\nu}}{\partial x_4^2}\right).$$

If the field is static and only $g_{\mu\nu}$ is variable, we thus arrive at the case of the Newtonian theory of gravitation if we take the expression obtained for the quantity [28] $\Gamma_{\mu\nu}$ up to a constant.

Hence one might think that, up to a constant factor, the expression (a) must already be the generalization of $\Delta\varphi$ that we are seeking. But this would be a mistake; for alongside this expression, in a generalization of this kind there could also appear terms that are themselves tensors and that vanish when we neglect the kinds of terms just indicated. This always occurs when two first derivatives of the $g_{\mu\nu}$ or $\gamma_{\mu\nu}$ are multiplied by each other. Thus, for example,

$$\sum_{\alpha\beta} \frac{\partial g_{\alpha\beta}}{\partial x_\mu} \cdot \frac{\partial \gamma_{\alpha\beta}}{\partial x_\nu}$$

is a covariant tensor of the second rank (with respect to linear transformations); it becomes infinitesimally small to the second order if the quantities $g_{\alpha\beta}$ and $\gamma_{\alpha\beta}$ deviate from constant values only infinitesimally to the first order. We must therefore allow still other terms in $\Gamma_{\mu\nu}$, in addition to (a), which terms, for now, must satisfy only the condition that, taken together, they must possess the character of a tensor with respect to linear transformations.

We make use of the momentum-energy law to find these terms. To make myself [29] clear about the method used, I will first apply it to a generally known example.

In *electrostatics* $-\dfrac{\partial \varphi}{\partial x_\nu} \rho$ is the νth component of the momentum transferred to the matter per unit volume, if φ denotes the electrostatic potential and ρ the electric density. We seek a differential equation for φ of such kind that the law of the conservation of momentum is always satisfied. It is well known that the equation

$$\sum_\nu \frac{\partial^2 \varphi}{\partial x_\nu^2} = \rho$$

solves the problem. The fact that the momentum law is satisfied follows from the identity

$$\sum_\mu \frac{\partial}{\partial x_\mu}\left(\frac{\partial \varphi}{\partial x_\nu}\frac{\partial \varphi}{\partial x_\mu}\right) - \frac{\partial}{\partial x_\nu}\left(\frac{1}{2}\sum_\mu\left(\frac{\partial \varphi}{\partial x_\mu}\right)^2\right) = \frac{\partial \varphi}{\partial x_\nu}\sum_\mu\frac{\partial^2 \varphi}{\partial x_\mu^2}\left(=-\frac{\partial \varphi}{\partial x_\nu}\cdot\rho\right).$$

Thus, if the momentum law is satisfied, then an identity of the following construction must exist for every ν: On the right side, $-\dfrac{\partial \varphi}{\partial x_\nu}$ is multiplied by the left side of the differential equation; on the left side of the identity there is a sum of the differential quotients.

If the differential equation for φ were not yet known, the problem of finding it would be reduced to that of finding this identity. What is essential for us to realize is that this identity can be derived *if one of the terms occurring in it is known*. All one has to do is to apply repeatedly the product differentiation rule in the forms

$$\frac{\partial}{\partial x_\nu}(uv) = \frac{\partial u}{\partial x_\nu}v + \frac{\partial v}{\partial x_\nu}u$$

and

$$u\frac{\partial v}{\partial x_\nu} = \frac{\partial}{\partial x_\nu}(uv) - \frac{\partial u}{\partial x_\nu}v,$$

and then finally to put the terms that are differential quotients on the left side and the rest of the terms on the right side. For example, if one starts with the first term of the above identity, one obtains, one after another,

$$\sum_\mu \frac{\partial}{\partial x_\mu}\left(\frac{\partial \varphi}{\partial x_\nu}\frac{\partial \varphi}{\partial x_\mu}\right) = \sum_\mu \frac{\partial \varphi}{\partial x_\nu}\cdot\frac{\partial^2\varphi}{\partial x_\mu^2} + \sum_\mu \frac{\partial \varphi}{\partial x_\mu}\cdot\frac{\partial^2\varphi}{\partial x_\nu \partial x_\mu}$$

$$= \frac{\partial \varphi}{\partial x_\nu}\cdot\sum_\mu \frac{\partial^2\varphi}{\partial x_\mu^2} + \frac{\partial}{\partial x_\nu}\left\{\frac{1}{2}\sum_\mu\left(\frac{\partial \varphi}{\partial x_\mu}\right)^2\right\},$$

from which we obtain the above identity upon rearrangement.

Now we turn again to our problem. It follows from equation (10) that

$$\frac{1}{2}\sum_{\mu\nu} \sqrt{-g}\cdot\frac{\partial g_{\mu\nu}}{\partial x_\sigma}\Theta_{\mu\nu} \qquad\qquad (\sigma = 1,2,3,4)$$

is the momentum (or energy) imparted by the gravitational field to the matter per unit volume. For the energy-momentum law to be satisfied, the differential expressions $\Gamma_{\mu\nu}$ of the fundamental quantities $\gamma_{\mu\nu}$ that enter the gravitational equations

$$\kappa \cdot \Theta_{\mu\nu} = \Gamma_{\mu\nu}$$

must be chosen such that

$$\frac{1}{2\kappa}\sum_{\mu\nu} \sqrt{-g}\cdot\frac{\partial g_{\mu\nu}}{\partial x_\sigma}\Gamma_{\mu\nu}$$

can be rewritten in such a way that it appears as the sum of differential quotients. On the other hand, we know that the term (a) appears in the expression sought for $\Gamma_{\mu\nu}$. Hence the identity that is being sought has the following form:

Sum of differential quotients

$$= \frac{1}{2}\sum_{\mu\nu} \sqrt{-g}\cdot\frac{\partial g_{\mu\nu}}{\partial x_\sigma}\left\{ \sum_{\alpha\beta} \frac{\partial}{\partial x_\alpha}\left(\gamma_{ab}\frac{\partial\gamma_{\mu\nu}}{\partial x_\beta}\right)\right.$$

+ the other terms, which vanish with the first approximation. $\Big\}$

The identity that is being sought is thereby uniquely determined; if one

constructs it according to the procedure indicated,[15] one obtains

$$(12) \begin{cases} \sum_{\alpha\beta\tau\varrho} \frac{\partial}{\partial x_\alpha}\left(\sqrt{-g}\cdot\gamma_{\alpha\beta}\frac{\partial\gamma_{\tau\varrho}}{\partial x_\beta}\cdot\frac{\partial g_{\tau\varrho}}{\partial x_\sigma}\right) - \frac{1}{2}\cdot\sum_{\alpha\beta\tau\varrho}\frac{\partial}{\partial x_\sigma}\left(\sqrt{-g}\cdot\gamma_{\alpha\beta}\frac{\partial\gamma_{\tau\varrho}}{\partial x_\alpha}\frac{\partial g_{\tau\varrho}}{\partial x_\beta}\right) \\ =\sum_{\mu\nu}\sqrt{-g}\cdot\frac{\partial g_{\mu\nu}}{\partial x_\sigma}\left\{\sum_{\alpha\beta}\frac{1}{\sqrt{-g}}\cdot\frac{\partial}{\partial x_\alpha}\left(\gamma_{\alpha\beta}\sqrt{-g}\cdot\frac{\partial\gamma_{\mu\nu}}{\partial x_\beta}\right) - \sum_{\alpha\beta\tau\varrho}\gamma_{\alpha\beta}g_{\tau\varrho}\frac{\partial\gamma_{\mu\tau}}{\partial x_\alpha}\frac{\partial\gamma_{\nu\varrho}}{\partial x_\beta} \\ +\frac{1}{2}\sum_{\alpha\beta\tau\varrho}\gamma_{\alpha\mu}\gamma_{\beta\tau}\frac{\partial g_{\tau\varrho}}{\partial x_\alpha}\frac{\partial\gamma_{\tau\varrho}}{\partial x_\beta} - \frac{1}{4}\sum_{\alpha\beta\tau\varrho}\gamma_{\mu\nu}\gamma_{\alpha\beta}\frac{\partial g_{\tau\varrho}}{\partial x_\alpha}\frac{\partial\gamma_{\tau\varrho}}{\partial x_\beta}\right\}. \end{cases}$$

Thus, the expression for $\Gamma_{\mu\nu}$ that is enclosed between the curly brackets on the right-hand side is the tensor that is being sought that enters into the gravitational equations

$$\kappa\Theta_{\mu\nu} = \Gamma_{\mu\nu}.$$

To make these equations more comprehensible, we introduce the following abbreviations:

$$(13) \qquad -2\kappa\cdot\vartheta_{\mu\nu} = \sum_{\alpha\beta\tau\rho}\left(\gamma_{\alpha\mu}\gamma_{\beta\nu}\frac{\partial g_{\tau\rho}}{\partial x_\alpha}\cdot\frac{\partial\gamma_{\tau\rho}}{\partial x_\beta} - \frac{1}{2}\gamma_{\mu\nu}\gamma_{\alpha\beta}\frac{\partial g_{\tau\rho}}{\partial x_\alpha}\frac{\partial\gamma_{\tau\rho}}{\partial x_\beta}\right).$$

We will designate $\vartheta_{\mu\nu}$ as the *"contravariant stress-energy tensor of the gravitational field."* The covariant tensor reciprocal to it will be denoted by $t_{\mu\nu}$; then we have

$$(14) \qquad -2\kappa\cdot t_{\mu\nu} = \sum_{\alpha\beta\tau\rho}\left(\frac{\partial g_{\tau\rho}}{\partial x_\mu}\cdot\frac{\partial\gamma_{\tau\rho}}{\partial x_\nu} - \frac{1}{2}g_{\mu\nu}\gamma_{\alpha\beta}\frac{\partial g_{\tau\rho}}{\partial x_\alpha}\frac{\partial\gamma_{\tau\rho}}{\partial x_\beta}\right).$$

Likewise, for the sake of brevity, we introduce the following notations for differential operations carried out on the fundamental tensors γ and g:

$$(15) \qquad \Delta_{\mu\nu}(\gamma) = \sum_{\alpha\beta}\frac{1}{\sqrt{-g}}\cdot\frac{\partial}{\partial x_\alpha}\left(\gamma_{\alpha\beta}\sqrt{-g}\cdot\frac{\partial\gamma_{\mu\nu}}{\partial x_\beta}\right) - \sum_{\alpha\beta\tau\rho}\gamma_{\alpha\beta}g_{\tau\rho}\frac{\partial\gamma_{\mu\tau}}{\partial x_\alpha}\frac{\partial\gamma_{\nu\rho}}{\partial x_\beta},$$

and

$$(16) \qquad D_{\mu\nu}(\gamma) = \sum_{\alpha\beta}\frac{1}{\sqrt{-g}}\cdot\frac{\partial}{\partial x_\alpha}\left(\gamma_{\alpha\beta}\sqrt{-g}\cdot\frac{\partial g_{\mu\nu}}{\partial x_\beta}\right) - \sum_{\alpha\beta\tau\rho}\gamma_{\alpha\beta}\gamma_{\tau\rho}\frac{\partial g_{\mu\tau}}{\partial x_\alpha}\frac{\partial g_{\nu\rho}}{\partial x_\beta}.$$

---

[15]Cf. Part II, §4, No. 8.

Each of these operators yields again a tensor of the same kind (w. resp. to linear transformations).

With the application of these abbreviations the identity (12) assumes the form

(12a) $\quad \sum_{\mu\nu} \dfrac{\partial}{\partial x_\nu} \left\{ \sqrt{-g} \cdot g_{\sigma\mu} \cdot \kappa \vartheta_{\mu\nu} \right\} = \dfrac{1}{2} \sum_{\mu\nu} \sqrt{-g} \cdot \dfrac{\partial g_{\mu\nu}}{\partial x_\sigma} \left\{ -\Delta_{\mu\nu}(\gamma) + \kappa \vartheta_{\mu\nu} \right\},$

or also

(12b) $\quad \sum_{\mu\nu} \dfrac{\partial}{\partial x_\nu} \left\{ \sqrt{-g} \cdot \gamma_{\mu\nu} \cdot \kappa t_{\mu\sigma} \right\} = \dfrac{1}{2} \sum_{\mu\nu} \sqrt{-g} \cdot \dfrac{\partial \gamma_{\mu\nu}}{\partial x_\sigma} \left\{ -D_{\mu\nu}(g) + \kappa \cdot t_{\mu\nu} \right\}.$

If we write the conservation law (10) for matter and the conservation law (12a) for the gravitational field in the form

(10) $\quad \sum_{\mu\nu} \dfrac{\partial}{\partial x_\nu} \left\{ \sqrt{-g} \cdot g_{\sigma\mu} \cdot \Theta_{\mu\nu} \right\} - \dfrac{1}{2} \sum_{\mu\nu} \sqrt{-g} \cdot \dfrac{\partial g_{\mu\nu}}{\partial x_\sigma} \cdot \Theta_{\mu\nu} = 0$

(12c)

$\quad \sum_{\mu\nu} \dfrac{\partial}{\partial x_\nu} \left(\sqrt{-g} \cdot g_{\sigma\mu} \cdot \vartheta_{\mu\nu} \right) - \dfrac{1}{2} \sum_{\mu\nu} \sqrt{-g} \cdot \dfrac{\partial g_{\mu\nu}}{\partial x_\mu} \cdot \vartheta_{\mu\nu}$

$\quad = -\dfrac{1}{2\kappa} \cdot \sum_{\mu\nu} \sqrt{-g} \cdot \dfrac{\partial g_{\mu\nu}}{\partial x_\sigma} \cdot \Delta_{\mu\nu}(\gamma),$

then one recognizes that the stress-energy tensor $\vartheta_{\mu\nu}$ of the gravitational field enters the conservation law for the gravitational field in exactly the same way as the tensor $\Theta_{\mu\nu}$ of the material process enters the conservation law for this process; this is a noteworthy circumstance considering the difference in the derivation of the two laws.

From equation (12a) follows the expression for the differential tensor entering into the gravitational equations

(17) $\qquad\qquad\qquad \Gamma_{\mu\nu} = \Delta_{\mu\nu}(\gamma) - \kappa \cdot \vartheta_{\mu\nu}.$

Thus, the gravitational equations (11) are of the form

(18) $\qquad\qquad\qquad \Delta_{\mu\nu}(\gamma) = \kappa(\Theta_{\mu\nu} + \vartheta_{\mu\nu}).$ [32]

These equations satisfy a requirement that, in our opinion, must be imposed on a relativity theory of gravitation; that is to say, they show that the tensor $\vartheta_{\mu\nu}$ of the gravitational field acts as a field generator in the same way as the tensor $\Theta_{\mu\nu}$ of the material processes. An exceptional position of gravitational energy in comparison [33] with all other kinds of energies would lead to untenable consequences.

Adding equations (10) and (12a) while taking into account equation (18), one finds

34

(19)
$$\sum_{\mu\nu} \frac{\partial}{\partial x_\nu} \left\{ \sqrt{-g} \cdot g_{\sigma\mu} (\Theta_{\mu\nu} + \vartheta_{\mu\nu}) \right\} = 0 \qquad (\sigma = 1,2,3,4)$$

This shows that the conservation laws hold for the matter and the gravitational field taken together.

In the foregoing we have given preference to the contravariant tensors, because the contravariant stress-energy tensor of the flow of incoherent masses can be expressed in an especially simple manner. However, we can express the fundamental relations that we have obtained just as simply by using covariant tensors. Instead of $\Theta_{\mu\nu}$, we must then take $T_{\mu\nu} = \sum_{\alpha\beta} g_{\mu\alpha} g_{\nu\beta} \Theta_{\alpha\beta}$ as the stress-energy tensor of the material process. Instead of equation (10), we obtain through term-by-term reformulation

(20)
$$\sum_{\mu\nu} \frac{\partial}{\partial x_\nu} (\sqrt{-g} \cdot \gamma_{\mu\nu} T_{\mu\sigma}) + \frac{1}{2} \sum_{\mu\nu} \sqrt{-g} \cdot \frac{\partial \gamma_{\mu\nu}}{\partial x_\sigma} \cdot T_{\mu\nu} = 0.$$

It follows from this equation and equation (16) that the equations of the gravitational field can also be written in the form

(21)
$$-D_{\mu\nu}(g) = \kappa(t_{\mu\nu} + T_{\mu\nu});$$

these equations can also be derived directly from (18). The equation that corresponds to (19) reads

(22)
$$\sum_\nu \frac{\partial}{\partial x_\nu} \left\{ \sqrt{-g} \cdot \gamma_{\sigma\mu} (T_{\mu\nu} + t_{\mu\nu}) \right\} = 0.$$

§6. Influence of the Gravitational Field on Physical Processes, Especially on the Electromagnetic Processes

Since momentum and energy play a role in every physical process and, for their part, also determine the gravitational field and are influenced by it, the quantities $g_{\mu\nu}$ that determine the gravitational field must appear in all systems of physical equations. Thus, we have seen that the motion of the material point is determined by the equation

$$\delta \left\{ \int ds \right\} = 0,$$

where

$$ds^2 = \sum_{\mu\nu} g_{\mu\nu} dx_\mu dx_\nu .$$

ds is an invariant with respect to arbitrary substitutions. The equations to be sought, which determine the course of some physical process or other, must be so constructed that the invariance of ds will entail the covariance of the equation system in question.

But in the pursuit of solutions to these general problems, we at first encounter a fundamental difficulty. We do not know with respect to which group of transformations the equations we are seeking must be covariant. At first it seems most natural to demand that the systems of equations should be covariant with respect to *arbitrary* transformations. But opposed to this is the fact that the equations of the gravitational field that we have set up do not possess this property. For the equations of gravitation we have only been able to prove that they are covariant with respect to arbitrary *linear* transformations; but we do not know whether there exists a general group of transformations with respect to which the equations are covariant. The question as to the existence of such a group for the system of equations (18) and (21) is the most important question connected with the considerations presented here. At any rate, given the present state of the theory, it is not justifiable for us to demand a covariance of physical equations with respect to arbitrary substitutions.   [36]

But on the other hand we have seen that for material processes it is indeed possible to set up an energy-momentum balance equation that does permit arbitrary transformations (§4, equation 10). Therefore it nevertheless seems natural to assume that all systems of physical equations, with the exception of the gravitational equations, should be formulated in such a way that they are covariant with respect to arbitrary substitutions. This exceptional position that the gravitational equations occupy in this respect, as compared with all of the other systems, has to do, in my opinion, with the fact that only the former can contain second derivatives of the components of the fundamental tensor.

The construction of such systems of equations requires the resources of generalized vector analysis as it is presented in Part II.

Here we confine ourselves to indicating how one obtains the electromagnetic field equations for the vacuum in this way.[16] We start from the assumption that the electrical charge is to be viewed as something unchangeable. Suppose that an infinitesimally small, arbitrarily moving body has the charge e and the volume dV_0

---

[16]On this point, cf. also the article by Kottler, §3, cited on p. 23.   [37]

with respect to a comoving body (rest volume). We define $\dfrac{e}{dV_0} = \rho_0$ as the true

density of the electricity; this is a scalar by definition. Hence

[38]
$$\rho_0 \frac{dx_\nu}{ds} \qquad (\nu = 1,2,3,4)$$

is a contravariant four-vector, which we reformulate by defining the density ρ of the electricity, referred to a coordinate system, by the equation

$$\rho_0 dv_0 = \rho dV.$$

Using the equation

$$dV_0 ds = \sqrt{-g} \cdot dV \cdot dt$$

from §4, we obtain

$$\rho_0 \frac{dx_\nu}{ds} = \frac{1}{\sqrt{-g}} \rho \frac{dx_\nu}{dt},$$

i.e., the contravariant vector of the electric current.

We reduce the electromagnetic field to a special, contravariant tensor of second

[39]
rank $\varphi_{\mu\nu}$ (a six-vector), and form the "dual" contravariant tensor of second rank $\varphi_{\mu\nu}^{\ \cdot}$ by the method explained in Part II, §3 (formula 42). According to formula 40 in §3 of Part II, the divergence of a special contravariant tensor of second rank is

$$\frac{1}{\sqrt{-g}} \sum_\nu \frac{\partial}{\partial x_\nu} (\sqrt{-g} \cdot \varphi_{\mu\nu}).$$

[40]
As a generalization of the Maxwell-Lorentz field equations, we set up the equations

(23)
$$\sum_\nu \frac{\partial}{\partial x_\nu} (\sqrt{-g} \cdot \varphi_{\mu\nu}) = \rho \frac{dx_\mu}{dt}, \qquad (dt = dx_4)$$

(24)
$$\sum_\nu \frac{\partial}{\partial x_\nu} (\sqrt{-g} \cdot \varphi_{\mu\nu}^{\ \cdot}) = 0,$$

the covariance of which is self-evident. If we set

$$\sqrt{-g} \cdot \varphi_{23} = \mathfrak{H}_x, \quad \sqrt{-g} \cdot \varphi_{31} = \mathfrak{H}_y, \quad \sqrt{-g} \cdot \varphi_{12} = \mathfrak{H}_z;$$
$$\sqrt{-g} \cdot \varphi_{14} = -\mathfrak{E}_x, \quad \sqrt{-g} \cdot \varphi_{24} = -\mathfrak{E}_y, \quad \sqrt{-g} \cdot \varphi_{34} = -\mathfrak{E}_z,$$

and

$$\rho \frac{dx_\mu}{dt} = u_\mu,$$

then the system of equations (23), written out in a more detailed manner, takes the form

$$\frac{\partial \mathfrak{H}_z}{\partial y} - \frac{\partial \mathfrak{H}_y}{\partial z} - \frac{\partial \mathfrak{E}_x}{\partial t} = u_x$$

$$\cdot \quad \cdot \quad \cdot \quad \cdot \quad \cdot \quad \cdot \quad \cdot \quad \cdot$$

$$\frac{\partial \mathfrak{E}_x}{\partial x} + \frac{\partial \mathfrak{E}_y}{\partial y} + \frac{\partial \mathfrak{E}_z}{\partial z} = \varrho,$$

Up to the choice of the units, these equations coincide with Maxwell's first system. In constructing the second system, one has first to bear in mind that to the components

$$\mathfrak{H}_x, \; \mathfrak{H}_y, \; \mathfrak{H}_z, \; -\mathfrak{E}_x, \; -\mathfrak{E}_y, \; -\mathfrak{E}_z$$

of

$$\sqrt{-g} \cdot \varphi_{\mu\nu}$$

there correspond the components

$$-\mathfrak{E}_x, \; -\mathfrak{E}_y, \; -\mathfrak{E}_z, \; \mathfrak{H}_x, \; \mathfrak{H}_y, \; \mathfrak{H}_z$$

of the complement $f_{\mu\nu}$ (Part II, §3, formulas 41a). For the case where no gravitational field is present, this yields the second system, i.e., equation (24) in the form

$$-\frac{\partial \mathfrak{E}_z}{\partial x} + \frac{\partial \mathfrak{E}_y}{\partial z} - \frac{1}{c^2}\frac{\partial \mathfrak{H}_x}{\partial t} = 0$$

$$\cdot \quad \cdot \quad \cdot \quad \cdot \quad \cdot \quad \cdot \quad \cdot \quad \cdot \quad \cdot$$

$$-\frac{1}{c^2}\frac{\partial \mathfrak{H}_x}{\partial x} - \frac{1}{c^2}\frac{\partial \mathfrak{H}_y}{\partial t} - \frac{1}{c^2}\frac{\partial \mathfrak{H}_z}{\partial z} = 0. \qquad [41]$$

This proves that the equations we have set up really constitute a generalization of the equations of the ordinary theory of relativity.

§7. Can the Gravitational Field Be Reduced to a Scalar? [42]

In view of the undeniable complexity of the theory of gravitation propounded here, we must ask ourselves in earnest whether the conception that has, until now, been the only one advanced, according to which the gravitational field is reduced to a scalar Φ, is the only one that is reasonable and justified. I will briefly explain why we think that this question must be answered in the negative.

When one characterizes the gravitational feld by a scalar, a path presents itself that is completely analogous with that which we followed in the foregoing. One sets up the equation of motion of the material point in Hamiltonian form

$$\delta \left\{ \int \Phi \, ds \right\} = 0,$$

where ds is the four-dimensional line element from the ordinary theory of relativity and Φ is a scalar, and then proceeds wholly by analogy with the foregoing, without having to give up the ordinary theory of relativity.

세상에서 가장 쉬운 과학 수업 일반상대성이론

Here, too, the material process of an arbitrary kind is characterized by a stress-energy tensor $T_{\mu\nu}$. But with this conception it is a *scalar* that determines the interaction between the gravitational field and the material process. As Mr. Laue pointed out to me, this scalar can only be

$$\sum_{\mu} T_{\mu\mu} = P,$$

[43]   which I will call the "Laue scalar."[17] Here too one can then do justice to the law of the equivalence of inertial and gravitational mass up to a certain degree. For Mr. Laue drew my attention to the fact that for a closed system

$$\int P dV = \int T_{44} d\tau.$$

From this, one can see that according to this conception too the gravity of a closed

[44]   system is determined by its total energy.

But the gravity of systems that are not closed would depend on the orthogonal stresses T_{11} etc. to which the system is subjected. This leads to consequences that seem to me unacceptable, as shall be demonstrated with the example of cavity radiation.

As we know, for radiation in a vacuum, the scalar P vanishes. If the radiation is enclosed in a massless reflecting box, then its walls experience tensile stresses, as the result of which the system—taken as a whole—possesses a gravitational mass

$\int P d\tau$ corresponding to the energy E of the radiation.

 But instead of enclosing the radiation in a hollow box, I now imagine that it is bounded

1. by the reflecting walls of a firmly fixed shaft S,
2. by two reflecting walls W_1 and W_2 that can be displaced vertically and that are rigidly tied to each other by a rod.

In that case, the gravitational mass $\int P d\tau$ of the movable system amounts only to one-third of the value obtained in the case of a box moving as a whole. Thus, in order to lift the radiation against a gravitational field, one would have to apply only one-third of the work that one would have to apply in the previously considered case of the radiation enclosed in a box. This seems unacceptable to me.

Of course, I must admit that, for me, the most effective argument for the rejection of such a theory rests on the conviction that relativity holds not only with respect to

---

[17]Cf. Part II, §1, last formula.

orthogonal linear substitutions but also with respect to a much wider group of substitutions. But already the mere fact that we were not able to find the (most general) group of substitutions associated with our gravitational equations makes it unjustifiable for us to press this argument.

II
Mathematical Part
by Marcel Grossman

The mathematical tools for developing the vector analysis of a gravitational field, which is characterized by the invariance of the line element

$$ds^2 = \sum_{\mu\nu} g_{\mu\nu} dx_\mu dx_\nu,$$

derive from Christoffel's fundamental paper on the transformation of quadratic differential forms.[1] Taking Christoffel's results as their starting point, Ricci and Levi-Cività[2] developed their methods of the absolute differential calculus—i.e., a differential calculus that is independent of the coordinate system—which permit our giving an invariant form to the differential equations of mathematical physics. But since the vector analysis of a Euclidean space referred to arbitrary curvilinear coordinates is formally identical with the vector analysis of an arbitrary manifold specified by its line element, the extension of the vector-analytical conceptions that Minkowski, Sommerfeld, Laue, et al. worked out for the theory of relativity in recent years to the general theory of Einstein's expounded above does not present any difficulty.

With some practice, *the general vector analysis* obtained in this way is as simple to handle as the special vector analysis of three- or four-dimensional Euclidean space; in fact, the greater generality of its conceptions lends it a clarity that is lacking often enough in the special case.

The theory of special tensors (§3) has been treated to the full in a paper by Kottler,[3] published while this work was in progress; the treatment is based on the theory of integral forms, something that is not possible in the general case.

Since more detailed mathematical investigations will have to be done in connection with Einstein's theory of gravitation, and especially in connection with the problem of the differential equations of the gravitational field, a systematic presentation of the general vector analysis might be in order. I have purposely not employed geometrical aids because, in my opinion, they contribute very little to an intuitive understanding of the conceptions of vector analysis.

[47]

[48]

[50]

[1]Christoffel, "Über die Transformation der homogenen Differentialausdrücke zweiten Grades," *J. f. Math.* 70 (1869): 46.
[2]Ricci et Levi-Cività, "Méthodes de calcul différentiel absolu et leurs application." *Math. Ann.* 54 (1901): 125.
[3]Kottler, "Über die Raumzeitlinien der Minkowskischen Welt." *Wien. Ber.* 121 (1912).

[45]

[46]
[49]

§1. General Tensors

Let

$$(1) \qquad ds^2 = \sum_{\mu\nu} g_{\mu\nu} dx_\mu dx_\nu$$

be the square of the line element, which is viewed as the invariant measure of the distance between two infinitely close space-time points. Except where otherwise noted, the following developments are independent of the number of variables; let us denote this number by n.

In a transformation

$$(2) \qquad x_i = x_i(x_1', x_2', \ldots x_n') \qquad (i = 1, 2, \ldots n)$$

of the variables, or a transformation

$$(3) \qquad \begin{cases} dx_i = \sum_k \dfrac{\partial x_i}{\partial x_k'} dx_k' = \sum_k p_{ik}\, dx_k' \\[2mm] dx_i' = \sum_k \dfrac{\partial x_i'}{\partial x_k} dx_k = \sum_k \pi_{ki}\, dx_k \end{cases}$$

of their differentials, the coefficients of the line element transform according to the formulas

$$(4) \qquad g_{rs}' = \sum_{\mu\nu} p_{\mu r} p_{\nu s} g_{\mu\nu}.$$

Let g be the *discriminant* of the differential form (1), i.e., the determinant

$$g = |g_{\mu\nu}|.$$

If $\gamma_{\mu\nu}$ denotes the subdeterminant of g divided by the discriminant ("normalized") and adjoined to the element $g_{\mu\nu}$, then these quantities $\gamma_{\mu\nu}$ transform according to the formulas

$$(5) \qquad \gamma_{rs}' = \sum_{\mu\nu} \pi_{\mu r} \pi_{\nu s} g_{\mu\nu}.$$

We now introduce the following definitions: [51]

I. *The totality of a system of functions* $T_{i_1, i_2 \ldots i_\lambda}$ *of the variables x shall be called* a **covariant tensor of rank** λ *if these quantities transform according to the formulas*

$$(6) \qquad T_{r_1 r_2 \ldots r_\lambda}' = \sum_{i_1 i_2 \ldots i_\lambda} p_{i_1 r_1} p_{i_2 r_2} \cdots p_{i_\lambda r_\lambda} \cdot T_{i_1 i_2 \ldots i_\lambda}.$$

II. *The totality of a system of functions* $\Theta_{i_1 i_2 \ldots i_\lambda}$ *of the variables x shall be called*

세상에서 가장 쉬운 과학 수업 일반상대성이론

a **contravariant tensor of rank** λ *if these quantities transform according to the formulas*

$$(7) \qquad \Theta_{r_1 r_2 \ldots r_\lambda} = \sum_{i_1 i_2 \ldots i_\lambda} \pi_{i_1 r_1} \pi_{i_2 r_2} \cdots \pi_{i_\lambda r_\lambda} \cdot \Theta_{i_1 i_2 \ldots i_\lambda}.^{4}$$

III. *The totality of a system of functions* $\mathfrak{T}_{i_1 i_2 \ldots i_\mu / k_1 k_2 \ldots k_\nu}$ *of the variables x shall be called a* **mixed tensor**, *covariant of rank* μ, *contravariant of rank* ν, *if these quantities transform according to the formulas*

$$(8) \; \mathfrak{T}'_{r_1 r_2 \ldots r_\mu / s_1 s_2 \ldots s_\nu} = \sum_{\substack{i_1 i_2 \ldots i_\mu \\ k_1 k_2 \ldots k_\nu}} p_{i_1 r_1} p_{i_2 r_2} \cdots p_{i_\mu r_\mu} \cdot \pi_{k_1 s_1} \pi_{k_2 s_2} \cdots \pi_{k_\nu s_\nu} \cdot \mathfrak{T}_{i_1 i_2 \ldots i_\mu / k_1 k_2 \ldots k_\nu}.$$

From these definitions and equations (4) and (5) it follows that:

The quantities $g_{\mu\nu}$ form a covariant tensor of the second rank, and the quantities $\gamma_{\mu\nu}$ a contravariant tensor of the second rank; in the case $n = 4$, they form the *fundamental tensors of the gravitational field*.

According to equation (3), the quantities dx_i form a contravariant tensor of rank one. Tensors of rank one are also called *vectors of the first kind or four-vectors for* $n = 4$.

The following *algebraic tensor operations* follow immediately from the definition of the tensors:

1. *The sum of two tensors of the same kind* of rank λ is again a tensor of the same kind of rank λ, the components of which are formed by the addition of the corresponding components of the two tensors.

2. *The outer product of two covariant (contravariant) tensors* of rank λ or μ is a covariant (contravariant) tensor of rank $\lambda + \mu$ with the components

$$(9) \qquad T_{i_1 i_2 \ldots i_\lambda k_1 k_2 \ldots k_\mu} = A_{i_1 i_2 \ldots i_\lambda} \cdot B_{k_1 k_2 \ldots k_\mu},$$

or, respectively,

$$(9') \qquad \Theta_{i_1 i_2 \ldots i_\lambda k_1 k_2 \ldots k_\mu} = \Phi_{i_1 i_2 \ldots i_\lambda} \cdot \Psi_{k_1 k_2 \ldots k_\mu}.$$

3. We designate as the *inner product of two tensors*

(a) the covariant tensor

---

[52] [4]Thus, our covariant (contravariant) tensors of rank λ are identical with the "covariant (contravariant) systems of λth order" of Ricci and Levi-Cività and are denoted by these authors by $X_{r_1 r_2 \ldots r_\lambda}$ and $X^{r_1 r_2 \ldots r_\lambda}$, respectively. However many advantages the latter notation may offer, complications in more complex equations have, nevertheless, forced us to choose the above notation and thus to denote covariant tensors by Latin letters, contravariant tensors by Greek letters, and mixed tensors by Gothic letters. Covariant and contravariant tensors are special cases of the mixed tensors.

$$(10) \qquad T_{i_1 i_2 \ldots i_\lambda} = \sum_{k_1 k_2 \ldots k_\mu} \Phi_{k_1 k_2 \ldots k_\mu} \cdot A_{i_1 i_2 \ldots i_\lambda k_1 k_2 \ldots k_\mu},$$

(b) the contravariant tensor

$$(11) \qquad \Theta_{i_1 i_2 \ldots i_\lambda} = \sum_{k_1 k_2 \ldots k_\mu} A_{k_1 k_2 \ldots k_\mu} \cdot \Phi_{i_1 i_2 \ldots i_\lambda k_1 k 2 \ldots k_\mu},$$

(c) the mixed tensor

$$(12) \qquad {}^!\mathfrak{T}_{r_1 r_2 \ldots r_\mu / s_1 s_2 \ldots s_\nu} = \sum_{k_1 k_2 \ldots k_\lambda} A_{k_1 k_2 \ldots k_\lambda r_1 r_2 \ldots r_\mu} \cdot \Phi_{k_1 k_2 \ldots k_\lambda s_1 s_2 \ldots s_\nu},$$

or, with complete generality, subsuming the three cases (a) to (c)

$$\text{d)} \quad \mathfrak{T}_{r_1 r_2 \ldots r_\mu u_1 u_2 \ldots u_\alpha / s_1 s_2 \ldots s_\gamma v_1 v_2 \ldots v_\beta} = \sum_{k_1 k_2 \ldots k_\lambda} \mathfrak{A}_{r_1 r_2 \ldots r_\mu / k_1 k_2 \ldots k_\lambda v_1 v_2 \ldots v_\beta} \cdot \mathfrak{B}_{k_1 k_2 \ldots k_\lambda u_1 u_2 \ldots u_\alpha / s_1 s_2 \ldots s_\gamma}.$$

The designations "inner and outer product," which are taken from ordinary vector analysis, are justified because, when all is said and done, those operations prove to be special cases of the operations considered here.

If in cases (a) or (b) the rank λ is equal to zero, then the inner product is a scalar.

4. *Reciprocity of a covariant and a contravariant tensor.* From a covariant tensor of rank λ one forms the reciprocal contravariant tensor of rank λ through λ-fold inner multiplication by the contravariant fundamental tensor: [53]

$$(13) \qquad \Theta_{i_1 i_2 \ldots i_\lambda} = \sum_{k_1 k_2 \ldots k_\lambda} \gamma_{i_1 k_1} \gamma_{i_2 k_2} \cdots \gamma_{i_\lambda k_\lambda} \cdot T_{k_1 k_2 \ldots k_\lambda},$$

from which we obtain

$$(14) \qquad T_{i_1 i_2 \ldots i_\lambda} = \sum_{k_1 k_2 \ldots k_\lambda} g_{i_1 k_1} g_{i_2 k_2} \cdots g_{i_\lambda k_\lambda} \cdot \Theta_{k_1 k_2 \ldots k_\lambda}.$$

Hence, one obtains a scalar from a tensor by multiplying the latter by its reciprocal tensor according to the formula

$$(15) \qquad \sum_{i_1 i_2 \ldots i_\lambda} T_{i_1 i_2 \ldots i_\lambda} \cdot \Theta_{i_1 i_2 \ldots i_\lambda}.$$

A covariant (contravariant) tensor of rank one (four-vector for $n = 4$) has the invariant

$$\sum_{ik} \gamma_{ik} T_i T_k$$

or, respectively,

$$\sum_{ik} g_{ik} \Theta_i \Theta_k.$$

In the customary theory of relativity, contravariance is identical with covariance, and the above invariant becomes the square of the absolute value of the four-vector

$$T_x^2 + T_y^2 + T_z^2 + T_l^2.$$

A covariant (contravariant) tensor of rank two has the invariant

세상에서 가장 쉬운 과학 수업 일반상대성이론

$$\sum_{ik} \gamma_{ik} \, T_{ik}$$

or, respectively,

$$\sum_{ik} g_{ik} \, \Theta_{ik},$$

which in the case of the current theory of relativity becomes[5]

$$T_{xx} + T_{yy} + T_{zz} + T_{tt}.$$

§2. Differential Operations on Tensors

We introduce the following general definitions:

1. *We designate as the* **extension** *of a covariant (contravariant) tensor of rank* λ *the covariant (contravariant) of rank* $\lambda + 1$ *that is obtained from the former by "covariant (contravariant) differentiation."*

[57]   According to Christoffel (l.c.),

(16)
$$T_{r_1 r_2 \ldots r_\lambda} s = \frac{\partial T_{r_1 r_2 \ldots r_\lambda}}{\partial x_s} -$$

$$- \sum_k \left(\begin{Bmatrix} r_1 s \\ k \end{Bmatrix} T_{k r_2 \ldots r_\lambda} + \begin{Bmatrix} r_2 s \\ k \end{Bmatrix} T_{r_1 k \ldots r_\lambda} + \ldots + \begin{Bmatrix} r_\lambda s \\ k \end{Bmatrix} T_{r_1 r_2 \ldots k} \right)$$

is a covariant tensor of rank $\lambda + 1$ that comes from the covariant tensor of rank λ. Ricci and Levi-Città call the differential operation performed on the right-hand side of this equation the "covariant differentiation" of the tensor $T_{r_1 r_2 \ldots r_\lambda}$. The following notations has been used here:

[58]   (17)
$$\begin{Bmatrix} rs \\ u \end{Bmatrix} = \sum_t \gamma_{ut} \begin{bmatrix} rs \\ t \end{bmatrix},$$

(18)
$$\begin{bmatrix} rs \\ t \end{bmatrix} = \frac{1}{2} \left(\frac{\partial g_{rt}}{\partial x_s} + \frac{\partial g_{st}}{\partial x_r} - \frac{\partial g_{rs}}{\partial x_t} \right).$$

---

[5]In what follows, we do not indicate every time the particular form that our formulas take in the case of the customary theory of relativity; instead, we content ourselves with referring to the following presentations:

[54]   1. Minkowski, "Die Grundgleichungen für die elektromagnetische Vorgänge in bewegten "Körpern," *Göttinger Nachrichten* (1908).

[55]   2. Sommerfeld, "Zur Relativitätstheorie I," *Ann. d. Physik* 32 (1910) and "Zur Relativitätstheorie II," *Ann. d. Physik* 33 (1910).

[56]   3. Laue, *Das Relativitätsprinzip* (2d ed.), *Die* Wissenschaft, no. 38 (1913).

$\begin{bmatrix} rs \\ t \end{bmatrix}$ and $\begin{Bmatrix} rs \\ u \end{Bmatrix}$ are the Christoffel three-index symbols of the first and second kind, respectively; solving equations (17), one finds that

$$(19) \qquad \begin{bmatrix} rs \\ u \end{bmatrix} = \sum_t g_{ut} \begin{Bmatrix} rs \\ t \end{Bmatrix}. {}^{6}$$

If one replaces the covariant tensors in equation (16) by the contravariant tensors reciprocal to them, one obtains as the "contravariant extension"

$$(20) \quad \Theta_{r_1 r_2 \cdots r_{\lambda} s} = \sum_{ik} \gamma_{si} \left(\frac{\partial \Theta_{r_1 r_2 \cdots r_{\lambda}}}{\partial x_i} + \begin{Bmatrix} i k \\ r_1 \end{Bmatrix} \Theta_{k r_2 \cdots r_{\lambda}} + \begin{Bmatrix} i k \\ r_2 \end{Bmatrix} \Theta_{r_1 k \cdots r_{\lambda}} + \cdots + \begin{Bmatrix} i k \\ r_{\lambda} \end{Bmatrix} \Theta_{r_1 r_2 \cdots k} \right).$$

II. *We define as the* **divergence** *of a covariant (contravariant) tensor of rank* λ *the covariant (contravariant) tensor of rank* λ - *1 obtained by inner multiplication of the extension by the contravariant (covariant) fundamental tensor.*

Thus, the divergence of the covariant tensor $T_{r_1 r_2 \cdots r_{\lambda}}$ is the tensor

$$(21) \qquad T_{r_2 r_3 \cdots r_{\lambda}} = \sum_{s r_1} \gamma_{s r_1} T_{r_1 \cdots r_{\lambda} s}$$

and the divergence of the contravariant tensor $\Theta_{r_1 r_2 \cdots r_{\lambda}}$ is the tensor

$$(22) \qquad \Theta_{r_2 r_3 \cdots r_{\lambda}} = \sum_{s r_1} g_{s r_1} \Theta_{r_1 \cdots r_{\lambda} s}.$$

The divergence of a tensor does not follow from this uniquely; in general, the result changes if r_1 in equations (21) and (22) is replaced by one of the indices $r_2, r_3 \ldots r_{\lambda}$.

III. *We designate as the* **generalized Laplacian operation** *on a tensor the successive forming of the extension and the divergence. Hence, the generalized Laplacian operation makes it possible for a tensor of the same type and rank to be derived from a given tensor.*

Of special interest are the cases $\lambda = 0, 1, 2$.

$$\text{(a) } \lambda = 0.$$

The starting tensor is a *scalar* T, which we can consider as a covariant or contravariant tensor of rank 0.

$$(23) \qquad T_r = \frac{\partial T}{\partial x_r}$$

is the covariant extension of the scalar T, i.e., a covariant tensor of rank one (covariant four-vector for $n = 4$), which is called the *gradient* of the scalar. The invariant

---

[6]On the basis of these formulas one can easily prove that the extension of the fundamental tensor vanishes identically.

세상에서 가장 쉬운 과학 수업 일반상대성이론

(24)
$$\sum_{rs} \gamma_{rs} \frac{\partial T}{\partial x_r} \frac{\partial T}{\partial x_t}$$

is the first Beltrami differential parameter of the scalar T.

To form the *divergence of the gradient*, one has to form from its extension

$$T_{rs} = \frac{\partial^2 T}{\partial x_r \partial x_s} - \sum_k \begin{Bmatrix} rs \\ k \end{Bmatrix} \frac{\partial T}{\partial x_k}$$

the scalar

$$\sum_{rs} \gamma_{rs} T_{rs},$$

which can be given the form

(25)
$$\frac{1}{\sqrt{g}} \sum_{rs} \frac{\partial}{\partial x_s}\left(\sqrt{g}\, \gamma_{rs}\, \frac{\partial T}{\partial x_r} \right).^7$$

The divergence of the gradient is the result of the generalized Laplacian operation carried out on the scalar T, and is identical with the second Beltrami differential parameter of the scalar T.

(b) $\lambda = 1$.

Let the starting tensor be a covariant four-vector, though it could just as well be a contravariant four-vector.

According to (16), the covariant extension is

(26)
$$T_{rs} = \frac{\partial T_r}{\partial x_s} - \sum_k \begin{Bmatrix} rs \\ k \end{Bmatrix} T_k.$$

The divergence is

(27)
$$\sum_{rs} \gamma_{rs} T_{rs} = \sum_{rsk} \gamma_{rs} \left(\frac{\partial T_r}{\partial x_s} - \begin{Bmatrix} rs \\ k \end{Bmatrix} T_k \right),$$

to which we give, in accordance with (17), the form

(28)
$$\sum_{rs} \gamma_{rs} T_{rs} = \sum_{rski} \left(\frac{\partial}{\partial x_s}(\gamma_{rs} T_r) - \frac{\partial \gamma_{rs}}{\partial x_s} \cdot T_r - \frac{1}{2}\gamma_{rs}\gamma_{ki}\left(\frac{\partial g_{ri}}{\partial x_s} + \frac{\partial g_{si}}{\partial x_r} - \frac{\partial g_{rs}}{\partial x_i} \right) T_k \right).$$

If one eliminates $\dfrac{\partial \gamma_{rs}}{\partial x_s}$ with the help of the formula[8]

---

[7]See, e.g., Bianchi-Lukat, *Vorlesungen über Differential geometrie* (1st ed.), p. 47; or also the calculation of the divergence of a four-vector in the next case (b).

[8]This formula, which we also apply in establishing the differential equations of the gravitational field in §4, is proved in the following way:

We have

$$\sum_l g_{il}\, g_{kl} = \delta_{ik}\ (0\ \text{or}\ 1),$$

hence,

$$(29) \qquad \frac{\partial \gamma_{rs}}{\partial x_t} = -\sum_{\rho\sigma} \gamma_{r\rho} \gamma_{s\sigma} \frac{\partial g_{\rho\sigma}}{\partial x_t},$$

then the three middle terms under the summation sign in equation (28) cancel one another out, and there remains, along with the first term,

$$\sum_{rskl} \frac{1}{2} \gamma_{rs} \frac{\partial g_{rs}}{\partial x_t} \cdot \gamma_{kl} T_k = \sum_{kl} \gamma_{kl} T_k \frac{\partial \log\sqrt{g}}{\partial x_t},$$

so that one obtains for the *divergence of the covariant four-vector*[9]

$$(30) \qquad \sum_{rs} \gamma_{rs} T_{rs} = \frac{1}{\sqrt{g}} \sum_{rs} \frac{\partial}{\partial x_s} (\sqrt{g} \gamma_{rs} T_r).$$

(c) $\lambda = 2$

Let the starting tensor be a contravariant tensor of second rank Θ_{rs}, the extension of which, according to formula (20), is

$$(31) \qquad \Theta_{rst} = \sum_{ik} \gamma_{ti} \left(\frac{\partial \Theta_{rs}}{\partial x_i} + \begin{Bmatrix} ik \\ r \end{Bmatrix} \Theta_{ks} + \begin{Bmatrix} ik \\ s \end{Bmatrix} \Theta_{rk} \right).$$

This yields for the divergence of the contravariant tensor Θ_{rs} either the *row divergence*

$$(32) \qquad \Theta_r = \sum_{st} g_{st} \Theta_{rst} = \sum_{sk} \left(\frac{\partial \Theta_{rs}}{\partial x_s} + \begin{Bmatrix} sk \\ r \end{Bmatrix} \Theta_{ks} + \begin{Bmatrix} sk \\ s \end{Bmatrix} \Theta_{rk} \right),$$

or the *column divergence*

$$\sum_l g_{il} \gamma_{kl} \frac{\partial \gamma_{kl}}{\partial x_t} = -\sum_l \gamma_{kl} \frac{\partial g_{il}}{\partial x_t},$$

where t is one of the numbers $1, 2, \ldots n$.

For any given k one thus obtains n equations

$(i = 1, 2, \ldots n)$ with n unknowns $\dfrac{\partial \gamma_{kl}}{\partial x_t}$ $(l = 1, 2, \ldots n)$, the solution of which yields

the formula in the text.

[9]The same rresult is obtained by Kottler (l.c., p. 21), who starts out from a special third-rank tensor (cf. §3 of this paper) and applies the theory of integral forms. [62]

세상에서 가장 쉬운 과학 수업 일반상대성이론

$$\Theta_s = \sum_{rt} g_{rt} \, \Theta_{rst} = \sum_{rk} \left(\frac{\partial \Theta_{rs}}{\partial x_r} + \begin{Bmatrix} rk \\ r \end{Bmatrix} \Theta_{ks} + \begin{Bmatrix} rk \\ s \end{Bmatrix} \Theta_{rk} \right); \tag{33}$$

these two differential operations coincide in the case of symmetric tensors. Since

$$\sum_r \begin{Bmatrix} rk \\ r \end{Bmatrix} = \sum_{rs} \gamma_{rs} \begin{bmatrix} rk \\ s \end{bmatrix} = \sum_{rs} \frac{1}{2} \gamma_{rs} \frac{\partial g_{rs}}{\partial x_k} = \frac{\partial \log \sqrt{g}}{\partial x_k}, \tag{34}$$

formula (33) can also be rewritten as

$$\Theta_s = \frac{1}{\sqrt{g}} \sum_r \frac{\partial}{\partial x_r} (\sqrt{g} \, \Theta_{rs}) + \sum_{rk} \begin{Bmatrix} rk \\ s \end{Bmatrix} \Theta_{rk}. \tag{35}$$

§3. Special Tensors (Vectors)

We shall call a covariant (contravariant) tensor *special* if its components form a system of *alternating functions* of the basic variables.

Accordingly, the components of a special tensor are subject to the following conditions:

1. $T_{r_1 r_2 \dots r_\lambda} = 0$ if two of the indices $r_1, r_2, \dots r_\lambda$ are identical.

2. If $r_1, r_2, \dots r_\lambda$ and $s_1, s_2, \dots s_\lambda$ differ only in the sequence of the indices, then $T_{r_1 r_2 \dots r_\lambda} = \pm T_{s_1 s_2 \dots s_\lambda}$, depending on whether $r_1, r_2, \dots r_\lambda$ and $s_1, s_2, \dots s_\lambda$ are permutations of the same class or not. As we know, two permutations belong to the same class if both are formed from the basic permutation $1, 2, \dots n$ by means of an even or an odd number of mere interchanges of two indices.

The number of linearly independent components of a special tensor of rank λ is thus $\begin{pmatrix} n \\ \lambda \end{pmatrix}$.

Owing to these properties, the theory of special tensors turns out to be simpler but also richer than that of general tensors; it is of special significance for mathematical physics because the theory of *vectors of the λ-th kind* (four-vectors, six-vectors for $n = 4$) can be reduced to the *special tensors of rank λ*. From the standpoint of the general theory, it is more expedient to start out from tensors and to treat vectors merely as special tensors.

In the vector analysis of the n-dimensional manifold

$$ds^2 = \sum_{\mu\nu} g_{\mu\nu} \, dx_\mu dx_\nu$$

an important role is played by a special tensor of the nth rank that is connected with the discriminant g of the line element.[10] This discriminant transforms according to the equation

$$(36) \qquad g' = p^2 \cdot g,$$

where

$$p = |p_{ik}| = \left| \frac{\partial x_i}{\partial x_k'} \right|$$

is the functional determinant of the substitution. If one assigns a specific sign to the $\sqrt{g}$ for the original reference system and stipulates whether this sign should or should not change under a transformation, depending on whether the substitution determinant p is negative or positive, then the equation

$$(37) \qquad \sqrt{g'} = p \cdot \sqrt{g}$$

has an exact meaning with the inclusion of the sign.

Now let the $\delta_{r_1 r_2 \ldots r_n}$ be zero if two of the indices are identical with one another, but ± 1 if this is not the case and the permutation $r_1, r_2, \ldots r_n$ is formed from the basic permutation $1, 2, \ldots n$ by means of an even or odd number of interchanges of two indices.

Then

$$(38) \qquad e_{r_1 r_2 \ldots r_n} = \delta_{r_1 r_2 \ldots r_n} \cdot \sqrt{g}$$

are the components of a special covariant tensor of rank n, which we will call *the covariant discriminant tensor*. For a transformation yields first [64]

$$e'_{r_1 r_2 \ldots r_n'} = \delta_{r_1 r_2 \ldots r_n} \cdot \sqrt{g'} = \delta_{r_1 r_2 \ldots r_n} \cdot p \sqrt{g};$$

but since

$$p = \sum_{i_1 i_2 \ldots i_n} \delta_{i_1 i_2 \ldots i_n} \cdot p_{i_1 1} p_{i_2 2} \cdots p_{i_n n} = \delta_{r_1 r_2 \ldots r_n} \cdot \sum_{i_1 i_2 \ldots i_n} \delta_{i_1 i_2 \ldots i_n} \cdot p_{i_1 r_1} p_{i_2 r_2} \cdots p_{i_n r_n},$$

it follows that

$$e'_{r_1 r_2 \ldots r_n} = \sqrt{g} \cdot \sum_{i_1 i_2 \ldots i_n} \delta_{i_1 i_2 \ldots i_n} \cdot p_{i_1 r_1} p_{i_2 r_2} \cdots p_{i_n r_n},$$

hence, by virtue of the definition (38),

$$e'_{r_1 r_2 \ldots r_n} = \sum_{i_1 i_2 \ldots i_n} e_{i_1 i_2 \ldots i_n} \cdot p_{i_1 r_1} p_{i_2 r_2} \cdots p_{i_n r_n}.$$

For the reciprocal *contravariant tensor* one finds in accordance with (13)

$$\varepsilon_{i_1 i_2 \ldots i_n} = \sum_{r_1 r_2 \ldots r_n} \gamma_{i_1 r_1} \gamma_{i_2 r_2} \cdots \gamma_{i_n r_n} \cdot e_{r_1 r_2 \ldots r_n},$$

---

[10]The "system ε" of Ricci and Levi-Città, l.c., p. 135. [63]

　　세상에서 가장 쉬운 과학 수업 일반상대성이론

$$\varepsilon_{i_1 i_2 \ldots i_n} = \sqrt{g} \cdot \sum_{r_1 r_2 \ldots r_n} \delta_{r_1 r_2 \ldots r_n} \cdot \gamma_{i_1 r_1} \gamma_{i_2 r_2} \cdots \gamma_{i_n r_n},$$

$$\varepsilon_{i_1 i_2 \ldots i_n} = \delta_{i_1 i_2 \ldots i_n} \cdot \sqrt{g} \cdot \sum_{r_1 r_2 \ldots r_n} \delta_{r_1 r_2 \ldots r_n} \cdot \gamma_{1 r_1} \gamma_{2 r_2} \cdots \gamma_{n r_n}.$$

But since the determinant of the normalized subdeterminant γ_{ik} is

$$|\gamma_{ik}| = \frac{1}{g},$$

it follows that

(39)
$$\varepsilon_{i_1 i_2 \ldots i_n} = \frac{\delta_{i_1 i_2 \ldots i_n}}{\sqrt{g}}.$$

The significance of the covariant (contravariant) discriminant tensor consists in the fact that its inner multiplication by a contravariant (covariant) tensor of rank λ yields a tensor of rank $(\lambda - n)$ of the same kind, where the tensor will be of the opposite kind if $\lambda - n$ is negative. (*Complement* of the tensor.)

If

$$n = 4,$$

then there are only special tensors up to rank four, since all special tensors of higher rank vanish identically. The nonvanishing components of a special tensor of rank four are all equal to one another or equal and opposite. Complementation (inner multiplication by the contravariant discriminant tensor) yields a scalar, so that the differential operations that may be carried out on a special tensor of the fourth rank are thereby reduced to differential operations on a scalar.

The complement of a special covariant tensor of third rank is a contravariant vector of the first kind.

The complement of a special covariant tensor of second rank is a contravariant special tensor of second rank.

Finally, the forming of the complement of a special covariant vector of the first kind leads to a contravariant tensor of third rank.

The investigation of the influence of the gravitational field on physical processes (Part I, §6) demands a more detailed treatment of the special tensors of second rank (six-vectors).

If $\Theta_{\mu\nu}$ is a special tensor of second rank, then its divergence (formula 35)

$$\Theta_\mu = \sum_\nu \frac{1}{\sqrt{g}} \frac{\partial}{\partial x_\nu} (\sqrt{g} \cdot \Theta_{\mu\nu}) + \sum_{\nu\kappa} \begin{Bmatrix} \nu\kappa \\ \mu \end{Bmatrix} \theta_{\nu\kappa}$$

reduces, because of

$$\Theta_{\nu\kappa} = -\Theta_{\kappa\nu}, \quad \Theta_{\nu\nu} = 0,$$

to

$$(40) \qquad \Theta_\mu = \sum_\nu \frac{1}{\sqrt{g}} \frac{\partial}{\partial x_\nu} (\sqrt{g} \cdot \Theta_{\mu\nu}).$$

We derive the *dual* contravariant tensor of second rank Θ_{rs}^* from a contravariant tensor of the second rank $\Theta_{\mu\nu}$ in the following way.

First we form the complement[11]

$$(41) \qquad T_{ik} = \frac{1}{2}\sum_{\mu\nu} e_{ik\mu\nu} \cdot \Theta_{\mu\nu}, \qquad\qquad [65]$$

or, thus,

$$(41a) \qquad \begin{cases} T_{12} = \sqrt{g} \cdot \Theta_{34}, \quad T_{13} = \sqrt{g} \cdot \Theta_{42}, \quad T_{14} = \sqrt{g} \cdot \Theta_{23}; \\ T_{23} = \sqrt{g} \cdot \Theta_{14}, \quad T_{24} = \sqrt{g} \cdot \Theta_{31}, \quad T_{34} = \sqrt{g} \cdot \Theta_{12}. \end{cases}$$

The dual tensor that is being sought is the reciprocal of this complement, and thus has the form

$$(42) \qquad \Theta_{rs}^* = \sum_{ik} \gamma_{ir} \gamma_{ks} \cdot T_{ik} = \frac{1}{2}\sum_{ik\mu\nu} \gamma_{ir} \gamma_{ks} e_{ik\mu\nu} \cdot \Theta_{\mu\nu}.$$

Because of the reciprocity of the two discriminant tensors, the sequence of the two operations—the construction of the complement and of the reciprocal tensor—can be reversed. —

§4. Mathematical Supplements to the Physical Part

1. Proof of the Covariance of the Momentum-Energy Equations

It has to be proved that the equations (10) of Part I, page 10, which, neglecting the factor $\sqrt{-1}$, read

$$\sum_{\mu\nu} \frac{\partial}{\partial x_\nu} (\sqrt{g} \cdot g_{\sigma\mu} \cdot \Theta_{\mu\nu}) - \frac{1}{2}\sqrt{g} \cdot \sum_{\mu\nu} \frac{\partial g_{\mu\nu}}{\partial x_\sigma} \cdot \Theta_{\mu\nu} = 0, \qquad (\sigma = 1,2,3,4)$$

are covariant with respect to arbitrary transformations.

According to formula (35), the divergence of the contravariant tensor $\Theta_{\mu\nu}$ is

$$\Theta_\mu = \sum_\nu \frac{1}{\sqrt{g}} \frac{\partial}{\partial x_\nu} (\sqrt{g} \cdot \Theta_{\mu\nu}) + \sum_{\nu k} \begin{Bmatrix} \nu k \\ \mu \end{Bmatrix} \Theta_{\nu k}.$$

The covariant vector T_o reciprocal to this contravariant vector Θ_μ is thus

---

[11]The factor ½ serves to simplify the result but is inconsequential from the point of view of the theory of invariants.

세상에서 가장 쉬운 과학 수업 일반상대성이론 .

$$T_\sigma = \sum_\mu g_{\sigma\mu} \Theta_\mu = \sum_{\mu\nu k} \left(\frac{1}{\sqrt{g}} \frac{\partial}{\partial x_\nu} (\sqrt{g} \cdot g_{\sigma\mu} \cdot \Theta_{\mu\nu}) - \frac{\partial g_{\sigma\mu}}{\partial x_\nu} \cdot \Theta_{\mu\nu} + g_{\sigma\mu} \begin{Bmatrix} \nu\,k \\ \mu \end{Bmatrix} \cdot \Theta_\nu k \right).$$

But the last term of this sum is equal to

$$\sum_{\nu k} \begin{bmatrix} \nu\,k \\ \sigma \end{bmatrix} \Theta_{\nu k} = \sum_{\mu\nu} \frac{1}{2} \left(\frac{\partial g_{\mu\sigma}}{\partial x_\nu} + \frac{\partial g_{\nu\sigma}}{\partial x_\mu} - \frac{\partial g_{\mu\nu}}{\partial x_\sigma} \right) \cdot \Theta_{\mu\nu}.$$

Hence, we end up with

$$T_\sigma = \sum_{\mu\nu} \frac{1}{\sqrt{g}} \frac{\partial}{\partial x_\nu} (\sqrt{g} \cdot g_{\sigma\mu} \Theta_{\mu\nu}) - \frac{1}{2} \sum_{\mu\nu} \frac{\partial g_{\mu\nu}}{\partial x_\sigma} \cdot \Theta_{\mu\nu},$$

i.e., the left side of the investigated equation, up to the factor $\dfrac{1}{\sqrt{g}}$. Thus, if that equation is divided by $\sqrt{g}$, then its left side represents the σ-component of a covariant vector, and is, therefore, in fact, covariant. For that reason, the content of those four equations can also be expressed thus:

The divergence of the (contravariant) stress-energy tensor of the material flow or of the physical process vanishes.

2. Differential Tensors of a Manifold Given by Its Line Element

The problem of constructing the differential equations of a gravitational field (Part I, §5) draws one's attention to the *differential invariants* and *differential covariants* of the quadratic differential form

$$ds^2 = \sum_{\mu\nu} g_{\mu\nu} dx_\mu dx_\nu.$$

In the sense of our general vector analysis, the theory of these differential covariants leads to the *differential tensors* that are given with a gravitational field. The complete system of these differential tensors (with respect to arbitrary transformations) goes back to a covariant differential tensor of fourth rank found by Riemann[12] and, independently of him, by Christoffel,[13] which we shall call the *Riemann differential tensor*, and which reads as follows:

$$(43) \qquad R_{iklm} = (ik, lm) = \frac{1}{2} \left(\frac{\partial^2 g_{im}}{\partial x_k \partial x_l} + \frac{\partial^2 g_{kl}}{\partial x_i \partial x_m} - \frac{\partial^2 g_{il}}{\partial x_k \partial x_m} - \frac{\partial^2 g_{mk}}{\partial x_i \partial x_l} \right)$$

---

[66]   [12]Riemann, *Ges. Werke*, p. 270.
[67]   [13]Christoffel, l.c., p. 54.

$$+ \sum_{\rho\sigma} \gamma_{\rho\sigma} \left(\begin{bmatrix} im \\ \rho \end{bmatrix} \begin{bmatrix} kl \\ \sigma \end{bmatrix} - \begin{bmatrix} il \\ \rho \end{bmatrix} \begin{bmatrix} km \\ \sigma \end{bmatrix} \right). \qquad [68]$$

By means of covariant algebraic and differential operations we obtain the complete system of differential tensors (thus also the differential invariants) of the manifold from the Riemann differential tensor and the discriminant tensor (§3, formula 38). [69]

The (ik, lm) are also called the *Christoffel four-index symbols of the first kind*. In addition to these, of importance are also the *four-index symbols of the second kind*

$$(44) \qquad \{ik, lm\} = \frac{\partial \begin{Bmatrix} il \\ k \end{Bmatrix}}{\partial x_m} - \frac{\partial \begin{Bmatrix} im \\ k \end{Bmatrix}}{\partial x_l} + \sum_\rho \left(\begin{Bmatrix} il \\ \rho \end{Bmatrix} \begin{Bmatrix} \rho m \\ k \end{Bmatrix} - \begin{Bmatrix} im \\ \rho \end{Bmatrix} \begin{Bmatrix} \rho l \\ k \end{Bmatrix} \right),$$

which are related to the former in the following way:

$$(45) \qquad \begin{cases} \{i\rho, lm\} = \sum_k \gamma_{\rho k}(ik, lm), \text{ or, when solved,} \\[2mm] (ik, lm) = \sum_\rho g_{k\rho} \{i\rho, lm\}. \end{cases}$$

In general vector analysis, the four-index symbols of the second kind take on the meaning of the components of a *mixed tensor* that is covariant of third rank and contravariant of first rank.[14]

The extraordinary importance of these conceptions for the *differential geometry*[15] of a manifold that is given by its line element makes it a priori probable that these general differential tensors may also be of importance for the problem of the differential equations of a gravitational field. To begin with, it is, in fact, possible [71] to specify a covariant differential tensor of second rank and second order G_{im} that could enter into those equations, namely,

$$(46) \qquad G_{im} = \sum_{kl} \gamma_{kl} (ik, lm) = \sum_k \{ik, km\}.$$

It turns out, however, that in the special case of the infinitely weak, static gravitational field this tensor does *not* reduce to the expression $\Delta \varphi$. We must [72] therefore leave open the question to what extent the general theory of the differential tensors associated with a gravitational field is connected with the problem of the

---

[14]This follows from the first of equations 45.

[15]The identical vanishing of the tensor R_{iklm} constitutes a necessary and sufficient condition for the differential form's being transformable to the form $\sum_i dx_i^2$. [70]

gravitational equations. Such a connection would have to exist insofar as the gravitational equations are to permit *arbitrary* substitutions; but in that case, it seems that it would be impossible to find *second-order* differential equations. On the other hand, if it were established that the gravitational equations permit only a particular group of transformations, then it would be understandable if one could not manage with the differential tensors yielded by the general theory. As has been explained in the physical part, we are not able to take a stand on these questions.—

3. On the Derivation of the Gravitational Equations

The derivation of the gravitational equations described by Einstein (Part I, §5) is carried out step by step in the following way:

We start out from the term that is definitely to be expected in the energy balance,

$$(47) \qquad U = \sum_{\alpha\beta\mu\nu} \frac{\partial g_{\mu\nu}}{\partial x_\sigma} \frac{\partial}{\partial x_\alpha}\left(\sqrt{g}\,\gamma_{\alpha\beta}\frac{\partial \gamma_{\mu\nu}}{\partial x_\beta}\right),$$

and reformulate it by integrating by parts.[16] In this way we obtain

$$U = \sum_{\alpha\beta\mu\nu} \frac{\partial}{\partial x_\alpha}\left(\sqrt{g}\,\gamma_{\alpha\beta}\frac{\partial \gamma_{\mu\nu}}{\partial x_\beta}\frac{\partial g_{\mu\nu}}{\partial x_\sigma}\right) - \sum_{\alpha\beta\mu\nu} \sqrt{g}\,\gamma_{\alpha\beta}\frac{\partial \gamma_{\mu\nu}}{\partial x_\beta}\cdot\frac{\partial^2 g_{\mu\nu}}{\partial x_\alpha \partial x_\alpha}.$$

The first sum on the right-hand side has the desired form of a sum of differential quotients and shall be denoted by A, so that we have

$$(48) \qquad A = \sum_{\alpha\beta\mu\nu} \frac{\partial}{\partial x_\alpha}\left(\sqrt{g}\,\gamma_{\alpha\beta}\frac{\partial \gamma_{\mu\nu}}{\partial x_\beta}\frac{\partial g_{\mu\nu}}{\partial x_\sigma}\right).$$

We once again integrate by parts in the second sum on the right-hand side. The identity will then take the form

$$U = A - \sum_{\alpha\beta\mu\nu} \frac{\partial}{\partial x_\sigma}\left(\sqrt{g}\cdot\gamma_{\alpha\beta}\frac{\partial \gamma_{\mu\nu}}{\partial x_\beta}\cdot\frac{\partial g_{\mu\nu}}{\partial x_\alpha}\right) + \sum_{\alpha\beta\mu\nu} \frac{\partial g_{\mu\nu}}{\partial x_\alpha}\cdot\frac{\partial}{\partial x_\sigma}\left(\sqrt{g}\cdot\gamma_{\alpha\beta}\frac{\partial \gamma_{\mu\nu}}{\partial x_\beta}\right).$$

The first of the sums obtained on the right-hand side can be written as a sum of differentials and shall be denoted by

$$(49) \qquad B = \sum_{\alpha\beta\mu\nu} \frac{\partial}{\partial x_\sigma}\left(\sqrt{g}\,\gamma_{\alpha\beta}\frac{\partial \gamma_{\mu\nu}}{\partial x_\beta}\frac{\partial g_{\mu\nu}}{\partial x_\alpha}\right).$$

We differentiate in the second sum. Then we get

---

[16] The derivation of the identity we are seeking becomes simpler, without affecting the result, if we put the factor $\sqrt{g}$ inside the differentiation sign.

$$U = A - B + \sum_{\alpha\beta\mu\nu} \frac{\partial g_{\mu\nu}}{\partial x_\alpha} \left(\gamma_{\alpha\beta} \frac{\partial \gamma_{\mu\nu}}{\partial x_\beta} \frac{\partial \sqrt{g}}{\partial x_\sigma} + \sqrt{g} \cdot \frac{\partial \gamma_{\mu\nu}}{\partial x_\beta} \cdot \frac{\partial \gamma_{\alpha\beta}}{\partial x_\sigma} + \sqrt{g} \cdot \gamma_{\alpha\beta} \frac{\partial^2 \gamma_{\mu\nu}}{\partial x_\beta \partial x_\sigma} \right),$$

or if we apply formula (29) of §2 in the second summand and integrate by parts in the third summand

$$U = A - B + \sum_{\alpha\beta\mu\nu ik} \gamma_{\alpha\beta} \frac{\partial g_{\mu\nu}}{\partial x_\alpha} \frac{\partial \gamma_{\mu\nu}}{\partial x_\beta} \cdot \frac{\sqrt{g}}{2} \gamma_{ik} \frac{\partial g_{ik}}{\partial x_\sigma} - \sum_{\alpha\beta\mu\nu ik} \sqrt{g} \cdot \frac{\partial g_{\mu\nu}}{\partial x_\alpha} \cdot \frac{\partial \gamma_{\mu\nu}}{\partial x_\beta} \cdot \gamma_{\alpha i} \gamma_{\beta k} \frac{\partial g_{ik}}{\partial x_\sigma}$$

$$+ \sum_{\alpha\beta\mu\nu} \frac{\partial}{\partial x_\beta} \left(\sqrt{g} \gamma_{\alpha\beta} \frac{\partial g_{\mu\nu}}{\partial x_\alpha} \cdot \frac{\partial \gamma_{\mu\nu}}{\partial x_\sigma} \right) - \sum_{\alpha\beta\mu\nu} \frac{\partial \gamma_{\mu\nu}}{\partial x_\sigma} \frac{\partial}{\partial x_\beta} \left(\sqrt{g} \gamma_{\alpha\beta} \frac{\partial g_{\mu\nu}}{\partial x_\alpha} \right).$$

The first two sums have the form of terms such as we place on the left side of our identity. We denote them by

(50)
$$V = \frac{1}{2} \sum_{\alpha\beta\mu\nu ik} \frac{\partial g_{ik}}{\partial x_\sigma} \cdot \sqrt{g} \cdot \gamma_{\alpha\beta} \gamma_{ik} \frac{\partial g_{\mu\nu}}{\partial x_\alpha} \cdot \frac{\partial \gamma_{\mu\nu}}{\partial x_\beta}$$

(51)
$$W = \sum_{\alpha\beta\mu\nu ik} \frac{\partial g_{ik}}{\partial x_\sigma} \cdot \sqrt{g} \cdot \gamma_{\alpha i} \gamma_{\beta k} \frac{\partial g_{\mu\nu}}{\partial x_\alpha} \cdot \frac{\partial \gamma_{\mu\nu}}{\partial x_\beta}.$$

The third of the sums appearing on the right has the form of a sum of differential quotients; if we eliminate $\frac{\partial \gamma_{\mu\nu}}{\partial x_\sigma}$ from it with the help of the above formula (29), this sum proves to be the quantity A that has already been introduced. Finally, we replace $\frac{\partial \gamma_{\mu\nu}}{\partial x_\sigma}$ in the last sum in accord with the same formula. In this way we find

$$U - V + W = 2A - B + \sum_{\alpha\beta\mu\nu ik} \gamma_{\mu i} \gamma_{\nu k} \frac{\partial g_{ik}}{\partial x_\sigma} \frac{\partial}{\partial x_\beta} \left(\sqrt{g} \gamma_{\alpha\beta} \frac{\partial g_{\mu\nu}}{\partial x_\alpha} \right),$$

or

$$U - V + W = 2A - B + \sum_{\alpha\beta\mu\nu ik} \frac{\partial g_{ik}}{\partial x_\sigma} \cdot \frac{\partial}{\partial x_\beta} \left(\sqrt{g} \cdot \gamma_{\alpha\beta} \gamma_{\mu i} \gamma_{\nu k} \frac{\partial g_{\mu\nu}}{\partial x_\alpha} \right)$$

$$- \sum_{\alpha\beta\mu\nu ik} \frac{\partial g_{ik}}{\partial x_\sigma} \frac{\partial g_{\mu\nu}}{\partial x_\alpha} \sqrt{g} \cdot \gamma_{\alpha\beta} \frac{\partial}{\partial x_\beta} (\gamma_{\mu i} \gamma_{\nu k}).$$

By virtue of (29), i.e., by virtue of

$$\sum_{\mu\nu} \gamma_{i\mu} \gamma_{\nu k} \frac{\partial g_{\mu\nu}}{\partial x_\alpha} = - \frac{\partial \gamma_{ik}}{\partial x_\alpha},$$

the first of these sums becomes

$$- \sum_{\alpha\beta ik} \frac{\partial g_{ik}}{\partial x_\sigma} \frac{\partial}{\partial x_\beta} \left(\sqrt{g} \gamma_{\alpha\beta} \frac{\partial \gamma_{ik}}{\partial x_\alpha} \right) = - U.$$

세상에서 가장 쉬운 과학 수업 일반상대성이론

Since i is interchangeable with k, and μ with ν, we can write the second sum as

$$2X = 2 \cdot \sum_{\alpha\beta\mu\nu\, ik} \frac{\partial g_{ik}}{\partial x_\sigma} \cdot \sqrt{g} \cdot \gamma_{\alpha\beta} \gamma_{\mu i} \frac{\partial g_{\mu\nu}}{\partial x_\alpha} \cdot \frac{\partial \gamma_{\nu k}}{\partial x_\beta}$$

$$= -2 \cdot \sum_{\alpha\beta\mu\nu\, ik} \frac{\partial g_{ik}}{\partial x_\sigma} \cdot \sqrt{g} \, \gamma_{\alpha\beta} g_{\mu\nu} \frac{\partial \gamma_{i\mu}}{\partial x_\alpha} \frac{\partial \gamma_{k\nu}}{\partial x_\beta}.$$

Hence, the identity sought reads

$$2U - V + W + 2X = 2A - B,$$

and is thus identical with the one given in Part I, §5.

논문 웹페이지

The Foundation of the General Theory of Relativity

by A. Einstein

[This first page was missing in the existing translation.]

The theory which is presented in the following pages conceivably constitutes the farthest-reaching generalization of a theory which, today, is generally called the
[1] "theory of relativity"; I will call the latter one—in order to distinguish it from the
[2] first named—the "special theory of relativity," which I assume to be known. The generalization of the theory of relativity has been facilitated considerably by Minkowski, a mathematician who was the first one to recognize the formal
[3] equivalence of space coordinates and the time coordinate, and utilized this in the construction of the theory. The mathematical tools that are necessary for general relativity were readily available in the "absolute differential calculus," which is based upon the research on non-Euclidean manifolds by Gauss, Riemann, and Christoffel, and which has been systematized by Ricci and Levi-Civita and has already been
[4] applied to problems of theoretical physics. In section B of the present paper I developed all the necessary mathematical tools—which cannot be assumed to be known to every physicist—and I tried to do it in as simple and transparent a manner as possible, so that a special study of the mathematical literature is not required for
[5] the understanding of the present paper. Finally, I want to acknowledge gratefully my friend, the mathematician Grossmann, whose help not only saved me the effort of
[6] studying the pertinent mathematical literature, but who also helped me in my search for the field equations of gravitation.

[The balance of this translation is reprinted from H. A. Lorentz et al., *The Principle of Relativity*, trans. W. Perrett and G. B. Jeffery (Methuen, 1923; Dover rpt., 1952).]

THE FOUNDATION OF THE GENERAL THEORY OF RELATIVITY

By A. EINSTEIN

A. FUNDAMENTAL CONSIDERATIONS ON THE POSTULATE OF RELATIVITY

§ 1. Observations on the Special Theory of Relativity

THE special theory of relativity is based on the following postulate, which is also satisfied by the mechanics of Galileo and Newton.

If a system of co-ordinates K is chosen so that, in relation to it, physical laws hold good in their simplest form, the *same* laws also hold good in relation to any other system of co-ordinates K′ moving in uniform translation relatively to K. This postulate we call the "special principle of relativity." The word "special" is meant to intimate that the principle is restricted to the case when K′ has a motion of uniform translation relatively to K, but that the equivalence of K′ and K does not extend to the case of non-uniform motion of K′ relatively to K.

Thus the special theory of relativity does not depart from classical mechanics through the postulate of relativity, but through the postulate of the constancy of the velocity of light *in vacuo*, from which, in combination with the special principle of relativity, there follow, in the well-known way, the relativity of simultaneity, the Lorentzian transformation, and the related laws for the behaviour of moving bodies and clocks.

The modification to which the special theory of relativity has subjected the theory of space and time is indeed far-reaching, but one important point has remained unaffected.

For the laws of geometry, even according to the special theory of relativity, are to be interpreted directly as laws relating to the possible relative positions of solid bodies at rest; and, in a more general way, the laws of kinematics are to be interpreted as laws which describe the relations of measuring bodies and clocks.   To two selected material points of a stationary rigid body there always corresponds a distance of quite definite length, which is independent of the locality and orientation of the body, and is also independent of the time. To two selected positions of the hands of a clock at rest relatively to the privileged system of reference there always corresponds an interval of time of a definite length, which is independent of place and time.   We shall soon see that the general theory of relativity cannot adhere to this simple physical interpretation of space and time.

§ 2. The Need for an Extension of the Postulate of Relativity

In classical mechanics, and no less in the special theory of relativity, there is an inherent epistemological defect which was, perhaps for the first time, clearly pointed out by Ernst Mach.   We will elucidate it by the following example :—Two fluid bodies of the same size and nature hover freely in space at so great a distance from each other and from all other masses that only those gravitational forces need be taken into account which arise from the interaction of different parts of the same body.   Let the distance between the two bodies be invariable, and in neither of the bodies let there be any relative movements of the parts with respect to one another. But let either mass, as judged by an observer at rest relatively to the other mass, rotate with constant angular velocity about the line joining the masses.   This is a verifiable relative motion of the two bodies.   Now let us imagine that each of the bodies has been surveyed by means of measuring instruments at rest relatively to itself, and let the surface of S_1 prove to be a sphere, and that of S_2 an ellipsoid of revolution.   Thereupon we put the question—What is the reason for this difference in the two bodies?   No answer can

[7]

be admitted as epistemologically satisfactory,* unless the reason given is an *observable fact of experience*. The law of causality has not the significance of a statement as to the world of experience, except when *observable facts* ultimately appear as causes and effects.

Newtonian mechanics does not give a satisfactory answer to this question. It pronounces as follows :—The laws of mechanics apply to the space R_1, in respect to which the body S_1 is at rest, but not to the space R_2, in respect to which the body S_2 is at rest. But the privileged space R_1 of Galileo, thus introduced, is a merely *factitious* cause, and not a thing that can be observed. It is therefore clear that Newton's mechanics does not really satisfy the requirement of causality in the case under consideration, but only apparently does so, since it makes the factitious cause R_1 responsible for the observable difference in the bodies S_1 and S_2.

The only satisfactory answer must be that the physical system consisting of S_1 and S_2 reveals within itself no imaginable cause to which the differing behaviour of S_1 and S_2 can be referred. The cause must therefore lie *outside* this system. We have to take it that the general laws of motion, which in particular determine the shapes of S_1 and S_2, must be such that the mechanical behaviour of S_1 and S_2 is partly conditioned, in quite essential respects, by distant masses which we have not included in the system under consideration. These distant masses and their motions relative to S_1 and S_2 must then be regarded as the seat of the causes (which must be susceptible to observation) of the different behaviour of our two bodies S_1 and S_2. They take over the rôle of the factitious cause R_1. Of all imaginable spaces R_1, R_2, etc., in any kind of motion relatively to one another, there is none which we may look upon as privileged *a priori* without reviving the above-mentioned epistemological objection. *The laws of physics must be of such a nature that they apply to systems of reference in any kind of motion.* Along this road we arrive at an extension of the postulate of relativity.

In addition to this weighty argument from the theory of

* Of course an answer may be satisfactory from the point of view of epistemology, and yet be unsound physically, if it is in conflict with other experiences.

knowledge, there is a well-known physical fact which favours an extension of the theory of relativity. Let K be a Galilean system of reference, i.e. a system relatively to which (at least in the four-dimensional region under consideration) a mass, sufficiently distant from other masses, is moving with uniform motion in a straight line. Let K' be a second system of reference which is moving relatively to K in *uniformly accelerated* translation. Then, relatively to K', a mass sufficiently distant from other masses would have an accelerated motion such that its acceleration and direction of acceleration are independent of the material composition and physical state of the mass.

Does this permit an observer at rest relatively to K' to infer that he is on a " really " accelerated system of reference? The answer is in the negative; for the above-mentioned relation of freely movable masses to K' may be interpreted equally well in the following way. The system of reference K' is unaccelerated, but the space-time territory in question is under the sway of a gravitational field, which generates the accelerated motion of the bodies relatively to K'.

[8]

This view is made possible for us by the teaching of experience as to the existence of a field of force, namely, the gravitational field, which possesses the remarkable property of imparting the same acceleration to all bodies.* The mechanical behaviour of bodies relatively to K' is the same as presents itself to experience in the case of systems which we are wont to regard as " stationary " or as " privileged." Therefore, from the physical standpoint, the assumption readily suggests itself that the systems K and K' may both with equal right be looked upon as " stationary," that is to say, they have an equal title as systems of reference for the physical description of phenomena.

It will be seen from these reflexions that in pursuing the general theory of relativity we shall be led to a theory of gravitation, since we are able to " produce " a gravitational field merely by changing the system of co-ordinates. It will also be obvious that the principle of the constancy of the velocity of light *in vacuo* must be modified, since we easily

[9]

* Eötvös has proved experimentally that the gravitational field has this property in great accuracy.

recognize that the path of a ray of light with respect to K′ must in general be curvilinear, if with respect to K light is propagated in a straight line with a definite constant velocity.

§ 3. The Space-Time Continuum. Requirement of General Co-Variance for the Equations Expressing General Laws of Nature

In classical mechanics, as well as in the special theory of relativity, the co-ordinates of space and time have a direct physical meaning. To say that a point-event has the X_1 co-ordinate x_1 means that the projection of the point-event on the axis of X_1, determined by rigid rods and in accordance with the. rules of Euclidean geometry, is obtained by measuring off a given rod (the unit of length) x_1 times from the origin of co-ordinates along the axis of X_1. To say that a point-event has the X_4 co-ordinate $x_4 = t$, means that a standard clock, made to measure time in a definite unit period, and which is stationary relatively to the system of co-ordinates and practically coincident in space with the point-event,* will have measured off $x_4 = t$ periods at the occurrence of the event.

This view of space and time has always been in the minds of physicists, even if, as a rule, they have been unconscious of it. This is clear from the part which these concepts play in physical measurements; it must also have underlain the reader's reflexions on the preceding paragraph (§ 2) for him to connect any meaning with what he there read. But we shall now show that we must put it aside and replace it by a more general view, in order to be able to carry through the postulate of general relativity, if the special theory of relativity applies to the special case of the absence of a gravitational field.

In a space which is free of gravitational fields we introduce a Galilean system of reference K (x, y, z, t), and also a system of co-ordinates K′ (x', y', z', t') in uniform rotation relatively to K. Let the origins of both systems, as well as their axes

* We assume the possibility of verifying " simultaneity " for events immediately proximate in space, or—to speak more precisely—for immediate proximity or coincidence in space-time, without giving a definition of this fundamental concept.

of Z, permanently coincide. We shall show that for a space-time measurement in the system K' the above definition of the physical meaning of lengths and times cannot be maintained. For reasons of symmetry it is clear that a circle around the origin in the X, Y plane of K may at the same time be regarded as a circle in the X', Y' plane of K'. We suppose that the circumference and diameter of this circle have been measured with a unit measure infinitely small compared with the radius, and that we have the quotient of the two results. If this experiment were performed with a measuring-rod at rest relatively to the Galilean system K, the quotient would be π. With a measuring-rod at rest relatively to K', the quotient would be greater than π. This is readily understood if we envisage the whole process of measuring from the " stationary " system K, and take into consideration that the measuring-rod applied to the periphery undergoes a Lorentzian contraction, while the one applied along the radius does not. Hence Euclidean geometry does not apply to K'. The notion of co-ordinates defined above, which presupposes the validity of Euclidean geometry, therefore breaks down in relation to the system K'. So, too, we are unable to introduce a time corresponding to physical requirements in K', indicated by clocks at rest relatively to K'. To convince ourselves of this impossibility, let us imagine two clocks of identical constitution placed, one at the origin of co-ordinates, and the other at the circumference of the circle, and both envisaged from the " stationary " system K. By a familiar result of the special theory of relativity, the clock at the circumference—judged from K—goes more slowly than the other, because the former is in motion and the latter at rest. An observer at the common origin of co-ordinates, capable of observing the clock at the circumference by means of light, would therefore see it lagging behind the clock beside him. As he will not make up his mind to let the velocity of light along the path in question depend explicitly on the time, he will interpret his observations as showing that the clock at the circumference " really " goes more slowly than the clock at the origin. So he will be obliged to define time in such a way that the rate of a clock depends upon where the clock may be.

[10]

세상에서 가장 쉬운 과학 수업 일반상대성이론

We therefore reach this result :—In the general theory of relativity, space and time cannot be defined in such a way that differences of the spatial co-ordinates can be directly measured by the unit measuring-rod, or differences in the time co-ordinate by a standard clock.

The method hitherto employed for laying co-ordinates into the space-time continuum in a definite manner thus breaks down, and there seems to be no other way which would allow us to adapt systems of co-ordinates to the four-dimensional universe so that we might expect from their application a particularly simple formulation of the laws of nature. So there is nothing for it but to regard all imaginable systems of co-ordinates, on principle, as equally suitable for the description of nature. This comes to requiring that :—

The general laws of nature are to be expressed by equations which hold good for all systems of co-ordinates, that is, are co-variant with respect to any substitutions whatever (generally co-variant).

It is clear that a physical theory which satisfies this postulate will also be suitable for the general postulate of relativity. For the sum of *all* substitutions in any case includes those which correspond to all relative motions of three-dimensional systems of co-ordinates. That this requirement of general co-variance, which takes away from space and time the last remnant of physical objectivity, is a natural one, will be seen from the following reflexion. All our space-time verifications invariably amount to a determination of space-time coincidences. If, for example, events consisted merely in the motion of material points, then ultimately nothing would be observable but the meetings of two or more of these points. Moreover, the results of our measurings are nothing but verifications of such meetings of the material points of our measuring instruments with other material points, coincidences between the hands of a clock and points on the clock dial, and observed point-events happening at the same place at the same time.

[11]

The introduction of a system of reference serves no other purpose than to facilitate the description of the totality of such coincidences. We allot to the universe four space-time variables x_1, x_2, x_3, x_4 in such a way that for every point-event

there is a corresponding system of values of the variables
$x_1 \ldots x_4$. To two coincident point-events there corresponds one system of values of the variables $x_1 \ldots x_4$, i.e.
coincidence is characterized by the identity of the co-ordinates.
If, in place of the variables $x_1 \ldots x_4$, we introduce functions
of them, x'_1, x'_2, x'_3, x'_4, as a new system of co-ordinates, so
that the systems of values are made to correspond to one
another without ambiguity, the equality of all four co-ordinates in the new system will also serve as an expression for
the space-time coincidence of the two point-events. As all
our physical experience can be ultimately reduced to such
coincidences, there is no immediate reason for preferring
certain systems of co-ordinates to others, that is to say, we
arrive at the requirement of general co-variance.

§ 4. The Relation of the Four Co-ordinates to Measurement in Space and Time

It is not my purpose in this discussion to represent the
general theory of relativity as a system that is as simple and
logical as possible, and with the minimum number of axioms;
but my main object is to develop this theory in such a way
that the reader will feel that the path we have entered upon
is psychologically the natural one, and that the underlying
assumptions will seem to have the highest possible degree
of security. With this aim in view let it now be granted
that :—

For infinitely small four-dimensional regions the theory
of relativity in the restricted sense is appropriate, if the co-ordinates are suitably chosen.

For this purpose we must choose the acceleration of the
infinitely small (" local ") system of co-ordinates so that no
gravitational field occurs; this is possible for an infinitely
small region. Let X_1, X_2, X_3, be the co-ordinates of space,
and X_4 the appertaining co-ordinate of time measured in the
appropriate unit.* If a rigid rod is imagined to be given as
the unit measure, the co-ordinates, with a given orientation
of the system of co-ordinates, have a direct physical meaning

* The unit of time is to be chosen so that the velocity of light *in vacuo* as
measured in the " local " system of co-ordinates is to be equal to unity.

세상에서 가장 쉬운 과학 수업 일반상대성이론

in the sense of the special theory of relativity. By the special theory of relativity the expression

$$ds^2 = -dX_1^2 - dX_2^2 - dX_3^2 + dX_4^2 \quad . \quad . \quad (1)$$

then has a value which is independent of the orientation of the local system of co-ordinates, and is ascertainable by measurements of space and time. The magnitude of the linear element pertaining to points of the four-dimensional continuum in infinite proximity, we call ds. If the ds belonging to the element $dX_1 \ldots dX_4$ is positive, we follow Minkowski in calling it time-like ; if it is negative, we call it space-like.

To the " linear element " in question, or to the two infinitely proximate point-events, there will also correspond definite differentials $dx_1 \ldots dx_4$ of the four-dimensional co-ordinates of any chosen system of reference. If this system, as well as the " local " system, is given for the region under consideration, the dX_ν will allow themselves to be represented here by definite linear homogeneous expressions of the dx_σ :—

$$dX_\nu = \sum_\sigma a_{\nu\sigma} dx_\sigma \quad . \quad . \quad . \quad (2)$$

Inserting these expressions in (1), we obtain

$$ds^2 = \sum_{\tau\sigma} g_{\sigma\tau} dx_\sigma dx_\tau, . \quad . \quad . \quad (3)$$

where the $g_{\sigma\tau}$ will be functions of the x_σ. These can no longer be dependent on the orientation and the state of motion of the " local " system of co-ordinates, for ds^2 is a quantity ascertainable by rod-clock measurement of point-events infinitely proximate in space-time, and defined independently of any particular choice of co-ordinates. The $g_{\sigma\tau}$ are to be chosen here so that $g_{\sigma\tau} = g_{\tau\sigma}$; the summation is to extend over all values of σ and τ, so that the sum consists of 4×4 terms, of which twelve are equal in pairs.

The case of the ordinary theory of relativity arises out of the case here considered, if it is possible, by reason of the particular relations of the $g_{\sigma\tau}$ in a finite region, to choose the system of reference in the finite region in such a way that the $g_{\sigma\tau}$ assume the constant values

$$\left.\begin{array}{rrrr} -1 & 0 & 0 & 0 \\ 0 & -1 & 0 & 0 \\ 0 & 0 & -1 & 0 \\ 0 & 0 & 0 & +1 \end{array}\right\} \quad . \quad . \quad . \quad (4)$$

We shall find hereafter that the choice of such co-ordinates is, in general, not possible for a finite region.

From the considerations of § 2 and § 3 it follows that the quantities $g_{\tau\sigma}$ are to be regarded from the physical standpoint as the quantities which describe the gravitational field in relation to the chosen system of reference. For, if we now assume the special theory of relativity to apply to a certain four-dimensional region with the co-ordinates properly chosen, then the $g_{\sigma\tau}$ have the values given in (4). A free material point then moves, relatively to this system, with uniform motion in a straight line. Then if we introduce new space-time co-ordinates x_1, x_2, x_3, x_4, by means of any substitution we choose, the $g^{\sigma\tau}$ in this new system will no longer be constants, but functions of space and time. At the same time the motion of the free material point will present itself in the new co-ordinates as a curvilinear non-uniform motion, and the law of this motion will be independent of the nature of the moving particle. We shall therefore interpret this motion as a motion under the influence of a gravitational field. We thus find the occurrence of a gravitational field connected with a space-time variability of the g_σ . So, too, in the general case, when we are no longer able by a suitable choice of co-ordinates to apply the special theory of relativity to a finite region, we shall hold fast to the view that the $g_{\sigma\tau}$ describe the gravitational field.

Thus, according to the general theory of relativity, gravitation occupies an exceptional position with regard to other forces, particularly the electromagnetic forces, since the ten functions representing the gravitational field at the same time define the metrical properties of the space measured.

B. MATHEMATICAL AIDS TO THE FORMULATION OF GENERALLY COVARIANT EQUATIONS

Having seen in the foregoing that the general postulate of relativity leads to the requirement that the equations of physics shall be covariant in the face of any substitution of the co-ordinates $x_1 \ldots x_4$, we have to consider how such generally covariant equations can be found. We now turn to this purely mathematical task, and we shall find that in its solution a fundamental rôle is played by the invariant ds given in equation (3), which, borrowing from Gauss's theory of surfaces, we have called the "linear element."

The fundamental idea of this general theory of covariants is the following :—Let certain things ("tensors") be defined with respect to any system of co-ordinates by a number of functions of the co-ordinates, called the "components" of the tensor. There are then certain rules by which these components can be calculated for a new system of co-ordinates, if they are known for the original system of co-ordinates, and if the transformation connecting the two systems is known. The things hereafter called tensors are further characterized by the fact that the equations of transformation for their components are linear and homogeneous. Accordingly, all the components in the new system vanish, if they all vanish in the original system. If, therefore, a law of nature is expressed by equating all the components of a tensor to zero, it is generally covariant. By examining the laws of the formation of tensors, we acquire the means of formulating generally covariant laws.

§ 5. Contravariant and Covariant Four-vectors

Contravariant Four-vectors.—The linear element is defined by the four "components" dx_ν, for which the law of transformation is expressed by the equation

$$dx'_\sigma = \sum_\nu \frac{\partial x'_\sigma}{\partial x_\nu} dx_\nu . \qquad . \qquad . \qquad (5)$$

The dx'_σ are expressed as linear and homogeneous functions of the dx_ν. Hence we may look upon these co-ordinate differentials as the components of a "tensor" of the particular kind which we call a contravariant four-vector. Any thing which is defined relatively to the system of co-ordinates by four quantities A^ν, and which is transformed by the same law

$$A'^\sigma = \sum_\nu \frac{\partial x'_\sigma}{\partial x_\nu} A^\nu, \qquad . \qquad . \qquad . \qquad (5a)$$

we also call a contravariant four-vector. From (5a) it follows at once that the sums $A^\sigma \pm B^\sigma$ are also components of a four-vector, if A^σ and B^σ are such. Corresponding relations hold for all "tensors" subsequently to be introduced. (Rule for the addition and subtraction of tensors.)

Covariant Four-vectors.—We call four quantities A_ν the components of a covariant four-vector, if for any arbitrary choice of the contravariant four-vector B^ν

$$\sum_\nu A_\nu B^\nu = \text{Invariant} \qquad . \qquad . \qquad . \quad (6)$$

The law of transformation of a covariant four-vector follows from this definition. For if we replace B^ν on the right-hand side of the equation

$$\sum_\sigma A'_\sigma B'^\sigma = \sum_\nu A_\nu B^\nu$$

by the expression resulting from the inversion of (5a),

$$\sum_\sigma \frac{\partial x_\nu}{\partial x'_\sigma} B'^\sigma,$$

we obtain

$$\sum_\sigma B'^\sigma \sum_\nu \frac{\partial x_\nu}{\partial x'_\sigma} A_\nu = \sum_\sigma B'^\sigma A'_\sigma.$$

Since this equation is true for arbitrary values of the B'^σ, it follows that the law of transformation is

$$A'_\sigma = \sum_\nu \frac{\partial x_\nu}{\partial x'_\sigma} A_\nu \qquad . \qquad . \qquad . \quad (7)$$

Note on a Simplified Way of Writing the Expressions.— A glance at the equations of this paragraph shows that there is always a summation with respect to the indices which occur twice under a sign of summation (e.g. the index ν in (5)), and only with respect to indices which occur twice. It is therefore possible, without loss of clearness, to omit the sign of summation. In its place we introduce the convention:— If an index occurs twice in one term of an expression, it is always to be summed unless the contrary is expressly stated.

[12]

The difference between covariant and contravariant four-vectors lies in the law of transformation ((7) or (5) respectively). Both forms are tensors in the sense of the general remark above. Therein lies their importance. Following Ricci and

세상에서 가장 쉬운 과학 수업 일반상대성이론

Levi-Civita, we denote the contravariant character by placing the index above, the covariant by placing it below.

§ 6. Tensors of the Second and Higher Ranks

Contravariant Tensors.—If we form all the sixteen products $A^{\mu\nu}$ of the components A^{μ} and B^{ν} of two contravariant four-vectors

$$A^{\mu\nu} = A^{\mu}B^{\nu} \qquad . \qquad . \qquad . \qquad . \quad (8)$$

then by (8) and (5a) $A^{\mu\nu}$ satisfies the law of transformation

$$A'^{\sigma\tau} = \frac{\partial x'_{\sigma}}{\partial x_{\mu}}\frac{\partial x'_{\tau}}{\partial x_{\nu}}A^{\mu\nu} \qquad . \qquad . \qquad . \quad (9)$$

We call a thing which is described relatively to any system of reference by sixteen quantities, satisfying the law of transformation (9), a contravariant tensor of the second rank. Not every such tensor allows itself to be formed in accordance with (8) from two four-vectors, but it is easily shown that any given sixteen $A^{\mu\nu}$ can be represented as the sums of the $A^{\mu}B^{\nu}$ of four appropriately selected pairs of four-vectors. Hence we can prove nearly all the laws which apply to the tensor of the second rank defined by (9) in the simplest manner by demonstrating them for the special tensors of the type (8).

Contravariant Tensors of Any Rank.—It is clear that, on the lines of (8) and (9), contravariant tensors of the third and higher ranks may also be defined with 4^3 components, and so on. In the same way it follows from (8) and (9) that the contravariant four-vector may be taken in this sense as a contravariant tensor of the first rank.

Covariant Tensors.—On the other hand, if we take the sixteen products $A_{\mu\nu}$ of two covariant four-vectors A_{μ} and B_{ν},

$$A_{\mu\nu} = A_{\mu}B_{\nu}, \qquad . \qquad . \qquad . \quad (10)$$

the law of transformation for these is

$$A'_{\sigma\tau} = \frac{\partial x_{\mu}}{\partial x'_{\sigma}}\frac{\partial x_{\nu}}{\partial x'_{\tau}}A_{\mu\nu} \qquad . \qquad . \qquad . \quad (11)$$

This law of transformation defines the covariant tensor of the second rank. All our previous remarks on contravariant tensors apply equally to covariant tensors.

NOTE.—It is convenient to treat the scalar (or invariant) both as a contravariant and a covariant tensor of zero rank.

Mixed Tensors.—We may also define a tensor of the second rank of the type

$$A_\mu^\nu = A_\mu B^\nu \quad . \quad . \quad . \quad . \quad (12)$$

which is covariant with respect to the index μ, and contravariant with respect to the index ν. Its law of transformation is

$$A'^\tau_\sigma = \frac{\partial x'_\tau}{\partial x_\nu} \frac{\partial x_\mu}{\partial x'_\sigma} A_\mu^\nu \quad . \quad . \quad (13)$$

Naturally there are mixed tensors with any number of indices of covariant character, and any number of indices of contravariant character. Covariant and contravariant tensors may be looked upon as special cases of mixed tensors.

Symmetrical Tensors.—A contravariant, or a covariant tensor, of the second or higher rank is said to be symmetrical if two components, which are obtained the one from the other by the interchange of two indices, are equal. The tensor $A^{\mu\nu}$, or the tensor $A_{\mu\nu}$, is thus symmetrical if for any combination of the indices μ, ν,

$$A^{\mu\nu} = A^{\nu\mu}, \quad . \quad . \quad . \quad (14)$$

or respectively,

$$A_{\mu\nu} = A_{\nu\mu}. \quad . \quad . \quad . \quad (14a)$$

It has to be proved that the symmetry thus defined is a property which is independent of the system of reference. It follows in fact from (9), when (14) is taken into consideration, that

$$A'^{\sigma\tau} = \frac{\partial x'_\sigma}{\partial x_\mu} \frac{\partial x'_\tau}{\partial x_\nu} A^{\mu\nu} = \frac{\partial x'_\sigma}{\partial x_\mu} \frac{\partial x'_\tau}{\partial x_\nu} A^{\nu\mu} = \frac{\partial x'_\sigma}{\partial x_\nu} \frac{\partial x'_\tau}{\partial x_\mu} A^{\mu\nu} = A'^{\tau\sigma}.$$

The last equation but one depends upon the interchange of the summation indices μ and ν, i.e. merely on a change of notation.

Antisymmetrical Tensors.—A contravariant or a covariant tensor of the second, third, or fourth rank is said to be antisymmetrical if two components, which are obtained the one from the other by the interchange of two indices, are equal and of opposite sign. The tensor $A^{\mu\nu}$, or the tensor $A_{\mu\nu}$, is therefore antisymmetrical, if always

세상에서 가장 쉬운 과학 수업 일반상대성이론

$$A^{\mu\nu} = -A^{\nu\mu}, \quad . \quad . \quad . \quad . \quad (15)$$

or respectively,

$$A_{\mu\nu} = -A_{\nu\mu} \quad . \quad . \quad . \quad . \quad (15a)$$

Of the sixteen components $A^{\mu\nu}$, the four components $A^{\mu\mu}$ vanish ; the rest are equal and of opposite sign in pairs, so that there are only six components numerically different (a six-vector).   Similarly we see that the antisymmetrical tensor of the third rank $A^{\mu\nu\sigma}$ has only four numerically different components, while the antisymmetrical tensor $A^{\mu\nu\sigma\tau}$ has only one.   There are no antisymmetrical tensors of higher rank than the fourth in a continuum of four dimensions.

§ 7. Multiplication of Tensors

Outer Multiplication of Tensors.—We obtain from the components of a tensor of rank n and of a tensor of rank m the components of a tensor of rank $n + m$ by multiplying each component of the one tensor by each component of the other.   Thus, for example, the tensors T arise out of the tensors A and B of different kinds,

$$\begin{aligned}
T_{\mu\nu\sigma} &= A_{\mu\nu}B_{\sigma}, \\
T^{\mu\nu\sigma\tau} &= A^{\mu\nu}B^{\sigma\tau}, \\
T^{\sigma\tau}_{\mu\nu} &= A_{\mu\nu}B^{\sigma\tau}.
\end{aligned}$$

The proof of the tensor character of T is given directly by the representations (8), (10), (12), or by the laws of transformation (9), (11), (13).   The equations (8), (10), (12) are themselves examples of outer multiplication of tensors of the first rank.

" Contraction " of a Mixed Tensor.—From any mixed tensor we may form a tensor whose rank is less by two, by equating an index of covariant with one of contravariant character, and summing with respect to this index (" contraction ").   Thus, for example, from the mixed tensor of the fourth rank $A^{\sigma\tau}_{\mu\nu}$, we obtain the mixed tensor of the second rank,

$$A^{\tau}_{\nu} = A^{\mu\tau}_{\mu\nu} \quad \left(= \sum_{\mu} A^{\mu\tau}_{\mu\nu} \right),$$

and from this, by a second contraction, the tensor of zero rank,

$$A = A^{\nu}_{\nu} = A^{\mu\nu}_{\mu\nu}.$$

The proof that the result of contraction really possesses the tensor character is given either by the representation of a tensor according to the generalization of (12) in combination with (6), or by the generalization of (13).

Inner and Mixed Multiplication of Tensors.—These consist in a combination of outer multiplication with contraction.

Examples.—From the covariant tensor of the second rank $A_{\mu\nu}$ and the contravariant tensor of the first rank B^{σ} we form by outer multiplication the mixed tensor

$$D^{\sigma}_{\mu\nu} = A_{\mu\nu}B^{\sigma}.$$

On contraction with respect to the indices ν and σ, we obtain the covariant four-vector

$$D_{\mu} = D^{\nu}_{\mu\nu} = A_{\mu\nu}B^{\nu}.$$

This we call the inner product of the tensors $A_{\mu\nu}$ and B^{σ}. Analogously we form from the tensors $A_{\mu\nu}$ and $B^{\sigma\tau}$, by outer multiplication and double contraction, the inner product $A_{\mu\nu}B^{\mu\nu}$. By outer multiplication and one contraction, we obtain from $A_{\mu\nu}$ and $B^{\sigma\tau}$ the mixed tensor of the second rank $D^{\tau}_{\mu} = A_{\mu\nu}B^{\nu\tau}$. This operation may be aptly characterized as a mixed one, being " outer " with respect to the indices μ and τ, and " inner " with respect to the indices ν and σ.

We now prove a proposition which is often useful as evidence of tensor character. From what has just been explained, $A_{\mu\nu}B^{\mu\nu}$ is a scalar if $A_{\mu\nu}$ and $B^{\sigma\tau}$ are tensors. But we may also make the following assertion: If $A_{\mu\nu}B^{\mu\nu}$ is a scalar *for any choice of the tensor* $B^{\mu\nu}$, then $A_{\mu\nu}$ has tensor character. For, by hypothesis, for any substitution,

$$A'_{\sigma\tau}B'^{\sigma\tau} = A_{\mu\nu}B^{\mu\nu}.$$

But by an inversion of (9)

$$B^{\mu\nu} = \frac{\partial x_{\mu}}{\partial x'_{\sigma}} \frac{\partial x_{\nu}}{\partial x'_{\tau}} B'^{\sigma\tau}.$$

This, inserted in the above equation, gives

$$\left(A'_{\sigma\tau} - \frac{\partial x_{\mu}}{\partial x'_{\sigma}} \frac{\partial x_{\nu}}{\partial x'_{\tau}} A_{\mu\nu}\right)B'^{\sigma\tau} = 0.$$

This can only be satisfied for arbitrary values of $B'^{\sigma\tau}$ if the bracket vanishes. The result then follows by equation (11). This rule applies correspondingly to tensors of any rank and character, and the proof is analogous in all cases.

The rule may also be demonstrated in this form: If B^μ and C^ν are any vectors, and if, for all values of these, the inner product $A_{\mu\nu}B^\mu C^\nu$ is a scalar, then $A_{\mu\nu}$ is a covariant tensor. This latter proposition also holds good even if only the more special assertion is correct, that with any choice of the four-vector B^μ the inner product $A_{\mu\nu}B^\mu B^\nu$ is a scalar, if in addition it is known that $A_{\mu\nu}$ satisfies the condition of symmetry $A_{\mu\nu} = A_{\nu\mu}$. For by the method given above we prove the tensor character of $(A_{\mu\nu} + A_{\nu\mu})$, and from this the tensor character of $A_{\mu\nu}$ follows on account of symmetry. This also can be easily generalized to the case of covariant and contravariant tensors of any rank.

Finally, there follows from what has been proved, this law, which may also be generalized for any tensors: If for any choice of the four-vector B^ν the quantities $A_{\mu\nu}B^\nu$ form a tensor of the first rank, then $A_{\mu\nu}$ is a tensor of the second rank. For, if C^μ is any four-vector, then on account of the tensor character of $A_{\mu\nu}B^\nu$, the inner product $A_{\mu\nu}B^\nu C^\mu$ is a scalar for any choice of the two four-vectors B^ν and C^μ. From which the proposition follows.

§ 8. Some Aspects of the Fundamental Tensor $g_{\mu\nu}$

The Covariant Fundamental Tensor.—In the invariant expression for the square of the linear element,

$$ds^2 = g_{\mu\nu}dx_\mu dx_\nu,$$

the part played by the dx_μ is that of a contravariant vector which may be chosen at will. Since further, $g_{\mu\nu} = g_{\nu\mu}$, it follows from the considerations of the preceding paragraph that $g_{\mu\nu}$ is a covariant tensor of the second rank. We call it the "fundamental tensor." In what follows we deduce some properties of this tensor which, it is true, apply to any tensor of the second rank. But as the fundamental tensor plays a special part in our theory, which has its physical basis in the peculiar effects of gravitation, it so happens that the relations to be developed are of importance to us only in the case of the fundamental tensor.

The Contravariant Fundamental Tensor.—If in the determinant formed by the elements $g_{\mu\nu}$, we take the co-factor of each of the $g_{\mu\nu}$ and divide it by the determinant $g = |\, g_{\mu\nu}\,|$, we obtain certain quantities $g^{\mu\nu}(= g^{\nu\mu})$ which, as we shall demonstrate, form a contravariant tensor.

By a known property of determinants

$$g_{\mu\sigma}g^{\nu\sigma} = \delta_\mu^\nu \quad . \quad . \quad . \quad (16)$$

where the symbol δ_μ^ν denotes 1 or 0, according as $\mu = \nu$ or $\mu \neq \nu$.

Instead of the above expression for ds^2 we may thus write

$$g_{\mu\sigma}\delta_\nu^\sigma dx_\mu dx_\nu$$

or, by (16)

$$g_{\mu\sigma}g_{\nu\tau}g^{\sigma\tau}dx_\mu dx_\nu.$$

But, by the multiplication rules of the preceding paragraphs, the quantities

$$d\xi_\sigma = g_{\mu\sigma}dx_\mu$$

form a covariant four-vector, and in fact an arbitrary vector, since the dx_μ are arbitrary. By introducing this into our expression we obtain

$$ds^2 = g^{\sigma\tau}d\xi_\sigma d\xi_\tau.$$

Since this, with the arbitrary choice of the vector $d\xi_\sigma$, is a scalar, and $g^{\sigma\tau}$ by its definition is symmetrical in the indices σ and τ, it follows from the results of the preceding paragraph that $g^{\sigma\tau}$ is a contravariant tensor.

It further follows from (16) that δ_μ is also a tensor, which we may call the mixed fundamental tensor.

The Determinant of the Fundamental Tensor.—By the rule for the multiplication of determinants

$$|\, g_{\mu\alpha}g^{\alpha\nu}\,| \;=\; |\, g_{\mu\alpha}\,| \;\times\; |\, g^{\alpha\nu}\,|.$$

On the other hand

$$|\, g_{\mu\alpha}g^{\alpha\nu}\,| \;=\; |\, \delta_\mu^\nu\,| \;=\; 1.$$

It therefore follows that

$$|\, g_{\mu\nu}\,| \;\times\; |\, g^{\mu\nu}\,| = 1 \quad . \quad . \quad . \quad (17)$$

The Volume Scalar.—We seek first the law of transformation of the determinant $g = |g_{\mu\nu}|$. In accordance with (11)

$$g' = \left| \frac{\partial x_\mu}{\partial x'_\sigma} \frac{\partial x}{\partial x'_\tau} g_{\mu\nu} \right|.$$

Hence, by a double application of the rule for the multiplication of determinants, it follows that

$$g' = \left| \frac{\partial x_\mu}{\partial x'_\sigma} \right| \cdot \left| \frac{\partial x_\nu}{\partial x'_\tau} \right| \cdot |g_{\mu\nu}| = \left| \frac{\partial x_\mu}{\partial x'_\sigma} \right|^2 g,$$

or

$$\sqrt{g'} = \left| \frac{\partial x_\mu}{\partial x'_\sigma} \right| \sqrt{g}.$$

On the other hand, the law of transformation of the element of volume

$$d\tau = \int dx_1 dx_2 dx_3 dx_4$$

is, in accordance with the theorem of Jacobi,

$$d\tau' = \left| \frac{\partial x'_\sigma}{\partial x_\mu} \right| d\tau.$$

By multiplication of the last two equations, we obtain

$$\sqrt{g'} d\tau' = \sqrt{g} d\tau \qquad \cdot \quad \cdot \quad \cdot \quad (18).$$

Instead of $\sqrt{g}$, we introduce in what follows the quantity $\sqrt{-g}$, which is always real on account of the hyperbolic character of the space-time continuum. The invariant $\sqrt{-g} d\tau$ is equal to the magnitude of the four-dimensional element of volume in the " local " system of reference, as measured with rigid rods and clocks in the sense of the special theory of relativity.

Note on the Character of the Space-time Continuum.—Our assumption that the special theory of relativity can always be applied to an infinitely small region, implies that ds^2 can always be expressed in accordance with (1) by means of real quantities $dX_1 \ldots dX_4$. If we denote by $d\tau_0$ the " natural " element of volume dX_1, dX_2, dX_3, dX_4, then

$$d\tau_0 = \sqrt{-g} d\tau \qquad \cdot \quad \cdot \quad (18a)$$

If $\sqrt{-g}$ were to vanish at a point of the four-dimensional continuum, it would mean that at this point an infinitely small "natural" volume would correspond to a finite volume in the co-ordinates. Let us assume that this is never the case. Then g cannot change sign. We will assume that, in the sense of the special theory of relativity, g always has a finite negative value. This is a hypothesis as to the physical nature of the continuum under consideration, and at the same time a convention as to the choice of co-ordinates.

But if $-g$ is always finite and positive, it is natural to settle the choice of co-ordinates *a posteriori* in such a way that this quantity is always equal to unity. We shall see later that by such a restriction of the choice of co-ordinates it is possible to achieve an important simplification of the laws of nature.

In place of (18), we then have simply $d\tau' = d\tau$, from which, in view of Jacobi's theorem, it follows that

$$\left| \frac{\partial x'_\sigma}{\partial x_\mu} \right| = 1 \quad . \quad . \quad . \quad (19)$$

Thus, with this choice of co-ordinates, only substitutions for which the determinant is unity are permissible.

But it would be erroneous to believe that this step indicates a partial abandonment of the general postulate of relativity. We do not ask "What are the laws of nature which are covariant in face of all substitutions for which the determinant is unity?" but our question is "What are the generally covariant laws of nature?" It is not until we have formulated these that we simplify their expression by a particular choice of the system of reference.

The Formation of New Tensors by Means of the Fundamental Tensor.—Inner, outer, and mixed multiplication of a tensor by the fundamental tensor give tensors of different character and rank. For example,

$$A^\mu = g^{u\sigma}A_\sigma,$$
$$A = g_{\mu\nu}A^{\mu\nu}.$$

The following forms may be specially noted :—

$$A^{\mu\nu} = g^{\mu\alpha}g^{\nu\beta}A_{\alpha\beta},$$
$$A_{\mu\nu} = g_{\mu\alpha}g_{\nu\beta}A^{\alpha\beta}$$

(the " complements " of covariant and contravariant tensors respectively), and

$$B_{\mu\nu} = g_{\mu\nu}g^{\alpha\beta}A_{\alpha\beta}.$$

We call $B_{\mu\nu}$ the reduced tensor associated with $A_{\mu\nu}$. Similarly,

$$B^{\mu\nu} = g^{\mu\nu}g_{\alpha\beta}A^{\alpha\beta}.$$

It may be noted that $g^{\mu\nu}$ is nothing more than the complement of $g_{\mu\nu}$, since

$$g^{\mu\alpha}g^{\nu\beta}g_{\alpha\beta} = g^{\mu\alpha}\delta^{\nu}_{\alpha} = g^{\mu\nu}.$$

§ 9. The Equation of the Geodetic Line. The Motion of a Particle

As the linear element ds is defined independently of the system of co-ordinates, the line drawn between two points P and P' of the four-dimensional continuum in such a way that $\int ds$ is stationary—a geodetic line—has a meaning which also is independent of the choice of co-ordinates. Its equation is

$$\delta \int_{P}^{P'} ds = 0 \quad . \quad . \quad . \quad . \quad (20)$$

Carrying out the variation in the usual way, we obtain from this equation four differential equations which define the geodetic line ; this operation will be inserted here for the sake of completeness. Let λ be a function of the co-ordinates x_ν, and let this define a family of surfaces which intersect the required geodetic line as well as all the lines in immediate proximity to it which are drawn through the points P and P'. Any such line may then be supposed to be given by expressing its co-ordinates x_ν as functions of λ. Let the symbol δ indicate the transition from a point of the required geodetic to the point corresponding to the same λ on a neighbouring line. Then for (20) we may substitute

$$\left. \begin{array}{l} \int_{\lambda_1}^{\lambda_2} \delta w d\lambda = 0 \\ w^2 = g_{\mu\nu}\dfrac{dx_\mu}{d\lambda}\dfrac{dx_\nu}{d\lambda} \end{array} \right\} \quad . \quad . \quad . \quad (20a)$$

But since

$$\delta w = \frac{1}{w}\left\{\frac{1}{2}\frac{\partial g_{\mu\nu}}{\partial x_\sigma}\frac{dx_\mu}{d\lambda}\frac{dx_\nu}{d\lambda}\delta x_\sigma + g_{\mu\nu}\frac{dx_\mu}{d\lambda}\delta\left(\frac{dx_\nu}{d\lambda}\right)\right\},$$

and

$$\delta\left(\frac{dx_\nu}{d\lambda}\right) = \frac{d}{d\lambda}(\delta x_\nu),$$

we obtain from (20a), after a partial integration,

$$\int_{\lambda_1}^{\lambda_2}\kappa_\sigma\delta x_\sigma d\lambda = 0,$$

where

$$\kappa_\sigma = \frac{d}{d\lambda}\left\{\frac{g_{\mu\nu}}{w}\frac{dx_\mu}{d\lambda}\right\} - \frac{1}{2w}\frac{\partial g_{\mu\nu}}{\partial x_\sigma}\frac{dx_\mu}{d\lambda}\frac{dx_\nu}{d\lambda} \qquad . \qquad (20b)$$

Since the values of δx_σ are arbitrary, it follows from this that

$$\kappa_\sigma = 0 \qquad . \quad . \quad . \quad . \quad (20c)$$

are the equations of the geodetic line.

If ds does not vanish along the geodetic line we may choose the " length of the arc " s, measured along the geodetic line, for the parameter λ. Then $w = 1$, and in place of (20c) we obtain

[15]

$$g_{\mu\nu}\frac{d^2x_\mu}{ds^2} + \frac{\partial g_{\mu\nu}}{\partial x_\sigma}\frac{dx_\sigma}{ds}\frac{dx_\mu}{ds} - \frac{1}{2}\frac{\partial g_{\mu\nu}}{\partial x_\sigma}\frac{dx_\mu}{ds}\frac{dx_\nu}{ds} = 0$$

or, by a mere change of notation,

$$g_{\alpha\sigma}\frac{d^2x_\alpha}{ds^2} + [\mu\nu,\sigma]\frac{dx_\mu}{ds}\frac{dx_\nu}{ds} = 0 \qquad . \quad . \quad (20d)$$

where, following Christoffel, we have written

$$[\mu\nu,\sigma] = \frac{1}{2}\left(\frac{\partial g_{\mu\sigma}}{\partial x_\nu} + \frac{\partial g_{\nu\sigma}}{\partial x_\mu} - \frac{\partial g_{\mu\nu}}{\partial x_\sigma}\right) \qquad . \quad . \quad (21)$$

Finally, if we multiply (20d) by $g^{\sigma\tau}$ (outer multiplication with respect to τ, inner with respect to σ), we obtain the equations of the geodetic line in the form

$$\frac{d^2x_\tau}{ds^2} + \{\mu\nu,\tau\}\frac{dx_\mu}{ds}\frac{dx_\nu}{ds} = 0 \qquad . \quad . \quad . \quad (22)$$

where, following Christoffel, we have set

$$\{\mu\nu,\tau\} = g^{\tau\alpha}[\mu\nu,\alpha] \qquad . \quad . \quad . \quad (23)$$

§ 10. The Formation of Tensors by Differentiation

With the help of the equation of the geodetic line we can now easily deduce the laws by which new tensors can be formed from old by differentiation. By this means we are able for the first time to formulate generally covariant differential equations. We reach this goal by repeated application of the following simple law :—

If in our continuum a curve is given, the points of which are specified by the arcual distance s measured from a fixed point on the curve, and if, further, ϕ is an invariant function of space, then $d\phi/ds$ is also an invariant. The proof lies in this, that ds is an invariant as well as $d\phi$.

As

$$\frac{d\phi}{ds} = \frac{\partial\phi}{\partial x_\mu}\frac{dx_\mu}{ds}$$

therefore

$$\psi = \frac{\partial\phi}{\partial x_\mu}\frac{dx_\mu}{ds}$$

is also an invariant, and an invariant for all curves starting from a point of the continuum, that is, for any choice of the vector dx_μ. Hence it immediately follows that

$$A_\mu = \frac{\partial\phi}{\partial x_\mu} \qquad \qquad . \quad . \quad . \quad . \quad (24)$$

is a covariant four-vector—the "gradient" of ϕ.

According to our rule, the differential quotient

$$\chi = \frac{d\psi}{ds}$$

taken on a curve, is similarly an invariant. Inserting the value of ψ, we obtain in the first place

$$\chi = \frac{\partial^2\phi}{\partial x_\mu \partial x_\nu}\frac{dx_\mu}{ds}\frac{dx_\nu}{ds} + \frac{\partial\phi}{\partial x_\mu}\frac{d^2 x_\mu}{ds^2}.$$

The existence of a tensor cannot be deduced from this forthwith. But if we may take the curve along which we have differentiated to be a geodetic, we obtain on substitution for $d^2 x_\nu/ds^2$ from (22),

$$\chi = \left(\frac{\partial^2\phi}{\partial x_\mu \partial x_\nu} - \{\mu\nu, \tau\}\frac{\partial\phi}{\partial x_\tau}\right)\frac{dx_\mu}{ds}\frac{dx_\nu}{ds}.$$

Since we may interchange the order of the differentiations,

and since by (23) and (21) $\{\mu\nu, \tau\}$ is symmetrical in μ and ν, it follows that the expression in brackets is symmetrical in μ and ν. Since a geodetic line can be drawn in any direction from a point of the continuum, and therefore dx_μ/ds is a four-vector with the ratio of its components arbitrary, it follows from the results of § 7 that

$$A_{\mu\nu} = \frac{\partial^2\phi}{\partial x_\mu \partial x_\nu} - \{\mu\nu, \tau\}\frac{\partial\phi}{\partial x_\tau} . \quad . \quad . \quad (25)$$

is a covariant tensor of the second rank. We have therefore come to this result: from the covariant tensor of the first rank

$$A_\mu = \frac{\partial\phi}{\partial x_\mu}$$

we can, by differentiation, form a covariant tensor of the second rank

$$A_{\mu\nu} = \frac{\partial A_\mu}{\partial x_\nu} - \{\mu\nu, \tau\}A_\tau . \quad . \quad . \quad (26)$$

We call the tensor $A_{\mu\nu}$ the "extension" (covariant derivative) of the tensor A_μ. In the first place we can readily show that the operation leads to a tensor, even if the vector A_μ cannot be represented as a gradient. To see this, we first observe that

$$\psi\frac{\partial\phi}{\partial x_\mu}$$

is a covariant vector, if ψ and ϕ are scalars. The sum of four such terms

$$S_\mu = \psi^{(1)}\frac{\partial\phi^{(1)}}{\partial x_\mu} + . + . + \psi^{(4)}\frac{\partial\phi^{(4)}}{\partial x_\mu},$$

is also a covariant vector, if $\psi^{(1)}$, $\phi^{(1)}$ . . . $\psi^{(4)}$, $\phi^{(4)}$ are scalars. But it is clear that any covariant vector can be represented in the form S_μ. For, if A_μ is a vector whose components are any given functions of the x_ν, we have only to put (in terms of the selected system of co-ordinates)

$$\psi^{(1)} = A_1, \quad \phi^{(1)} = x_1,$$
$$\psi^{(2)} = A_2, \quad \phi^{(2)} = x_2,$$
$$\psi^{(3)} = A_3, \quad \phi^{(3)} = x_3,$$
$$\psi^{(4)} = A_4, \quad \phi^{(4)} = x_4,$$

in order to ensure that S_μ shall be equal to A_μ.

Therefore, in order to demonstrate that $A_{\mu\nu}$ is a tensor if *any* covariant vector is inserted on the right-hand side for A_μ, we only need show that this is so for the vector S_μ. But for this latter purpose it is sufficient, as a glance at the right-hand side of (26) teaches us, to furnish the proof for the case

$$A_\mu = \psi \frac{\partial\phi}{\partial x_\mu}.$$

Now the right-hand side of (25) multiplied by ψ,

$$\psi \frac{\partial^2\phi}{\partial x_\mu \partial x_\nu} - \{\mu\nu,\ \tau\}\psi\frac{\partial\phi}{\partial x_\tau}$$

is a tensor. Similarly

$$\frac{\partial\psi}{\partial x_\mu}\frac{\partial\phi}{\partial x_\nu}$$

being the outer product of two vectors, is a tensor. By addition, there follows the tensor character of

$$\frac{\partial}{\partial x_\nu}\left(\psi\frac{\partial\phi}{\partial x_\mu}\right) - \{\mu\nu,\ \tau\}\left(\psi\frac{\partial\phi}{\partial x_\tau}\right).$$

As a glance at (26) will show, this completes the demonstration for the vector

$$\psi\frac{\partial\phi}{\partial x_\mu}$$

and consequently, from what has already been proved, for any vector A_μ.

By means of the extension of the vector, we may easily define the "extension" of a covariant tensor of any rank. This operation is a generalization of the extension of a vector. We restrict ourselves to the case of a tensor of the second rank, since this suffices to give a clear idea of the law of formation.

As has already been observed, any covariant tensor of the second rank can be represented * as the sum of tensors of the

* By outer multiplication of the vector with arbitrary components A_{11}, A_{12}, A_{13}, A_{14} by the vector with components 1, 0, 0, 0, we produce a tensor with components

A_{11}	A_{12}	A_{13}	A_{14}
0	0	0	0
0	0	0	0
0	0	0	0.

By the addition of four tensors of this type, we obtain the tensor $A_{\mu\nu}$ with any assigned components.

type $A_\mu B_\nu$. It will therefore be sufficient to deduce the expression for the extension of a tensor of this special type. By (26) the expressions

$$\frac{\partial A_\mu}{\partial x_\sigma} - \{\sigma\mu, \tau\}A_\tau,$$

$$\frac{\partial B_\nu}{\partial x_\sigma} - \{\sigma\nu, \tau\}B_\tau,$$

are tensors. On outer multiplication of the first by B_ν, and of the second by A_μ, we obtain in each case a tensor of the third rank. By adding these, we have the tensor of the third rank

$$A_{\mu\nu\sigma} = \frac{\partial A_{\mu\nu}}{\partial x_\sigma} - \{\sigma\mu, \tau\}A_{\tau\nu} - \{\sigma\nu, \tau\}A_{\mu\tau} . \qquad . \quad (27)$$

where we have put $A_{\mu\nu} = A_\mu B_\nu$. As the right-hand side of (27) is linear and homogeneous in the $A_{\mu\nu}$ and their first derivatives, this law of formation leads to a tensor, not only in the case of a tensor of the type $A_\mu B_\nu$, but also in the case of a sum of such tensors, i.e. in the case of any covariant tensor of the second rank. We call $A_{\mu\nu\sigma}$ the extension of the tensor $A_{\mu\nu}$.

It is clear that (26) and (24) concern only special cases of extension (the extension of the tensors of rank one and zero respectively).

In general, all special laws of formation of tensors are included in (27) in combination with the multiplication of tensors.

§ 11. Some Cases of Special Importance

The Fundamental Tensor.—We will first prove' some lemmas which will be useful hereafter. By the rule for the differentiation of determinants

$$dg = g^{\mu\nu}g\,dg_{\mu\nu} = - g_{\mu\nu}g\,dg^{\mu\nu} \qquad . \quad . \quad (28)$$

The last member is obtained from the last but one, if we bear in mind that $g_{\mu\nu}g^{\mu'\nu} = \delta_\mu^{\mu'}$, so that $g_{\mu\nu}g^{\mu\nu} = 4$, and consequently

$$g_{\mu\nu}dg^{\mu\nu} + g^{\mu\nu}dg_{\mu\nu} = 0.$$

세상에서 가장 쉬운 과학 수업 일반상대성이론

From (28), it follows that

$$\frac{1}{\sqrt{-g}} \frac{\partial \sqrt{-g}}{\partial x_\sigma} = \tfrac{1}{2} \frac{\partial \log(-g)}{\partial x_\sigma} = \tfrac{1}{2} g^{\mu\nu} \frac{\partial g_{\mu\nu}}{\partial x_\sigma} = \tfrac{1}{2} g_{\mu\nu} \frac{\partial g^{\mu\nu}}{\partial x_\sigma}. \quad (29)$$

Further, from $g_{\mu\sigma} g^{\nu\sigma} = \delta_\mu^\nu$, it follows on differentiation that

$$\left.\begin{aligned} g_{\mu\sigma} dg^{\nu\sigma} &= - g^{\nu\sigma} dg_{\mu\sigma} \\ g_{\mu\sigma} \frac{\partial g^{\nu\sigma}}{\partial x_\lambda} &= - g^{\nu\sigma} \frac{\partial g_{\mu\sigma}}{\partial x_\lambda} \end{aligned}\right\} \quad \cdots \quad (30)$$

From these, by mixed multiplication by $g^{\sigma\tau}$ and $g_{\nu\lambda}$ respectively, and a change of notation for the indices, we have

$$\left.\begin{aligned} dg^{\mu\nu} &= - g^{\mu\alpha} g^{\nu\beta} \, dg_{\alpha\beta} \\ \frac{\partial g^{\mu\nu}}{\partial x_\sigma} &= - g^{\mu\alpha} g^{\nu\beta} \frac{\partial g_{\alpha\beta}}{\partial x_\sigma} \end{aligned}\right\} \quad \cdots \quad (31)$$

and

$$\left.\begin{aligned} dg_{\mu\nu} &= - g_{\mu\alpha} g_{\nu\beta} \, dg^{\alpha\beta} \\ \frac{\partial g_{\mu\nu}}{\partial x_\sigma} &= - g_{\mu\alpha} g_{\nu\beta} \frac{\partial g^{\alpha\beta}}{\partial x_\sigma} \end{aligned}\right\} \quad \cdots \quad (32)$$

The relation (31) admits of a transformation, of which we also have frequently to make use. From (21)

$$\frac{\partial g_{\alpha\beta}}{\partial x_\sigma} = [\alpha\sigma, \beta] + [\beta\sigma, \alpha] \quad \cdots \quad (33)$$

Inserting this in the second formula of (31), we obtain, in view of (23)

$$\frac{\partial g^{\mu\nu}}{\partial x_\sigma} = - g^{\mu\tau} \{\tau\sigma, \nu\} - g^{\nu\tau} \{\tau\sigma, \mu\} \quad \cdots \quad (34) \qquad [16]$$

Substituting the right-hand side of (34) in (29), we have

$$\frac{1}{\sqrt{-g}} \cdot \frac{\partial \sqrt{-g}}{\partial x_\sigma} = \{\mu\sigma, \mu\} \quad \cdots \quad (29a) \qquad [17]$$

The "Divergence" of a Contravariant Vector.—If we take the inner product of (26) by the contravariant fundamental tensor $g^{\mu\nu}$, the right-hand side, after a transformation of the first term, assumes the form

$$\frac{\partial}{\partial x_\nu}(g^{\mu\nu} A_\mu) - A_\mu \frac{\partial g^{\mu\nu}}{\partial x_\nu} - \tfrac{1}{2} g^{\tau\alpha} \left(\frac{\partial g_{\mu\alpha}}{\partial x_\nu} + \frac{\partial g_{\nu\alpha}}{\partial x_\mu} - \frac{\partial g_{\mu\nu}}{\partial x_\alpha} \right) g^{\mu\nu} A_\tau. \qquad [18]$$

In accordance with (31) and (29), the last term of this expression may be written

$$\tfrac{1}{2}\frac{\partial g^{\tau\nu}}{\partial x_\nu}A_\tau + \tfrac{1}{2}\frac{\partial g^{\tau\mu}}{\partial x_\mu}A_\tau + \frac{1}{\sqrt{-g}}\frac{\partial\sqrt{-g}}{\partial x_a}g^{\mu\nu}A_\tau.$$

As the symbols of the indices of summation are immaterial, the first two terms of this expression cancel the second of the one above. If we then write $g^{\mu\nu}A_\mu = A'$, so that A' like A_μ is an arbitrary vector, we finally obtain

$$\Phi = \frac{1}{\sqrt{-g}}\frac{\partial}{\partial x_\nu}(\sqrt{-g}A'). \qquad . \qquad . \quad (35)$$

This scalar is the *divergence* of the contravariant vector A'.

The "Curl" of a Covariant Vector.—The second term in (26) is symmetrical in the indices μ and ν. Therefore $A_{\mu\nu} - A_{\nu\mu}$ is a particularly simply constructed antisymmetrical tensor. We obtain

$$B_{\mu\nu} = \frac{\partial A_\mu}{\partial x_\nu} - \frac{\partial A_\nu}{\partial x_\mu} \qquad . \qquad . \quad (36)$$

Antisymmetrical Extension of a Six-vector.—Applying (27) to an antisymmetrical tensor of the second rank $A_{\mu\nu}$, forming in addition the two equations which arise through cyclic permutations of the indices, and adding these three equations, we obtain the tensor of the third rank

$$B_{\mu\nu\sigma} = A_{\mu\nu\sigma} + A_{\nu\sigma\mu} + A_{\sigma\mu\nu} = \frac{\partial A_{\mu\nu}}{\partial x_\sigma} + \frac{\partial A_{\nu\sigma}}{\partial x_\mu} + \frac{\partial A_{\sigma\mu}}{\partial x_\nu} \quad (37)$$

which it is easy to prove is antisymmetrical.

The Divergence of a Six-vector.—Taking the mixed product of (27) by $g^{\mu a}g^{\nu\beta}$, we also obtain a tensor. The first term on the right-hand side of (27) may be written in the form

$$\frac{\partial}{\partial x_\sigma}(g^{\mu a}g^{\nu\beta}A_{\mu\nu}) - g^{\mu a}\frac{\partial g^{\nu\beta}}{\partial x_\sigma}A_{\mu\nu} - g^{\nu\beta}\frac{\partial g^{\mu a}}{\partial x_\sigma}A_{\mu\nu}.$$

If we write $A_\sigma^{a\beta}$ for $g^{\mu a}g^{\nu\beta}A_{\mu\nu\sigma}$ and $A^{a\beta}$ for $g^{\mu a}g^{\nu\beta}A_{\mu\nu}$, and in the transformed first term replace

$$\frac{\partial g^{\nu\beta}}{\partial x_\sigma} \text{ and } \frac{\partial g^{\mu a}}{\partial x_\sigma}$$

by their values as given by (34), there results from the right-hand side of (27) an expression consisting of seven terms, of which four cancel, and there remains

$$A_{\sigma}^{\alpha\beta} = \frac{\partial A^{\alpha\beta}}{\partial x_{\sigma}} + \{\sigma\gamma, \alpha\}A^{\gamma\beta} + \{\sigma\gamma, \beta\}A^{\alpha\gamma}. \qquad . \quad (38)$$

This is the expression for the extension of a contravariant tensor of the second rank, and corresponding expressions for the extension of contravariant tensors of higher and lower rank may also be formed.

We note that in an analogous way we may also form the extension of a mixed tensor :—

$$A_{\mu\sigma}^{\alpha} = \frac{\partial A_{\mu}^{\alpha}}{\partial x_{\sigma}} - \{\sigma\mu, \tau\}A_{\tau}^{\alpha} + \{\sigma\tau, \alpha\}A_{\mu}^{\tau}. \qquad . \quad (39)$$

On contracting (38) with respect to the indices β and σ (inner multiplication by δ_{β}^{σ}), we obtain the vector

$$A^{\alpha} = \frac{\partial A^{\alpha\beta}}{\partial x_{\beta}} + \{\beta\gamma, \beta\}A^{\alpha\gamma} + \{\beta\gamma, \alpha\}A^{\gamma\beta}.$$

On account of the symmetry of $\{\beta\gamma, \alpha\}$ with respect to the indices β and γ, the third term on the right-hand side vanishes, if $A^{\alpha\beta}$ is, as we will assume, an antisymmetrical tensor. The second term allows itself to be transformed in accordance with (29a). Thus we obtain

$$A^{\alpha} = \frac{1}{\sqrt{-g}}\frac{\partial(\sqrt{-g}A^{\alpha\beta})}{\partial x_{\beta}}. \qquad . \quad . \quad (40)$$

This is the expression for the divergence of a contravariant six-vector.

The Divergence of a Mixed Tensor of the Second Rank.—
Contracting (39) with respect to the indices α and σ, and taking (29a) into consideration, we obtain

$$\sqrt{-g}A_{\mu} = \frac{\partial(\sqrt{-g}A_{\mu}^{\sigma})}{\partial x_{\sigma}} - \{\sigma\mu, \tau\}\sqrt{-g}A_{\tau}^{\sigma}. \quad (41)$$

If we introduce the contravariant tensor $A^{\rho\sigma} = g^{\rho\tau}A_{\tau}^{\sigma}$ in the last term, it assumes the form

$$- [\sigma\mu, \rho]\sqrt{-g}A^{\rho\sigma}.$$

If, further, the tensor $A^{\rho\sigma}$ is symmetrical, this reduces to

$$-\tfrac{1}{2}\sqrt{-g}\frac{\partial g_{\rho\sigma}}{\partial x_\mu}A^{\rho\sigma}.$$

Had we introduced, instead of $A^{\rho\sigma}$, the covariant tensor $A_{\rho\sigma} = g_{\rho\alpha}g_{\sigma\beta}A^{\alpha\beta}$, which is also symmetrical, the last term, by virtue of (31), would assume the form

$$\tfrac{1}{2}\sqrt{-g}\frac{\partial g^{\rho\sigma}}{\partial x_\mu}A_{\rho\sigma}.$$

In the case of symmetry in question, (41) may therefore be replaced by the two forms

$$\sqrt{-g}A_\mu = \frac{\partial(\sqrt{-g}A_\mu^\sigma)}{\partial x_\sigma} - \tfrac{1}{2}\frac{\partial g_{\rho\sigma}}{\partial x_\mu}\sqrt{-g}A^{\rho\sigma} \quad . \quad (41a)$$

$$\sqrt{-g}A_\mu = \frac{\partial(\sqrt{-g}A_\mu^\sigma)}{\partial x_\sigma} + \tfrac{1}{2}\frac{\partial g^{\rho\sigma}}{\partial x_\mu}\sqrt{-g}A_{\rho\sigma} \quad . \quad (41b)$$

which we have to employ later on.

§ 12. The Riemann-Christoffel Tensor

We now seek the tensor which can be obtained from the fundamental tensor *alone*, by differentiation. At first sight the solution seems obvious. We place the fundamental tensor of the $g_{\mu\nu}$ in (27) instead of any given tensor $A_{\mu\nu}$, and thus have a new tensor, namely, the extension of the fundamental tensor. But we easily convince ourselves that this extension vanishes identically. We reach our goal, however, in the following way. In (27) place

$$A_{\mu\nu} = \frac{\partial A_\mu}{\partial x_\nu} - \{\mu\nu, \rho\}A_\rho,$$

i.e. the extension of the four-vector A_μ. Then (with a somewhat different naming of the indices) we get the tensor of the third rank

$$A_{\mu\sigma\tau} = \frac{\partial^2 A_\mu}{\partial x_\sigma \partial x_\tau} - \{\mu\sigma, \rho\}\frac{\partial A_\rho}{\partial x_\tau} - \{\mu\tau, \rho\}\frac{\partial A_\rho}{\partial x_\sigma} - \{\sigma\tau, \rho\}\frac{\partial A_\rho}{\partial x_\rho}$$

$$+ \left[-\frac{\partial}{\partial x_\tau}\{\mu\sigma, \rho\} + \{\mu\tau, a\}\{a\sigma, \rho\} + \{\sigma\tau, a\}\{a\mu, \rho\} \right]A_\rho.$$

세상에서 가장 쉬운 과학 수업 일반상대성이론

This expression suggests forming the tensor $A_{\mu\sigma\tau} - A_{\mu\tau\sigma}$. For, if we do so, the following terms of the expression for $A_{\mu\sigma\tau}$ cancel those of $A_{\mu\tau\sigma}$, the first, the fourth, and the member corresponding to the last term in square brackets; because all these are symmetrical in σ and τ. The same holds good for the sum of the second and third terms. Thus we obtain

$$A_{\mu\sigma\tau} - A_{\mu\tau\sigma} = B^{\rho}_{\mu\sigma\tau}A_{\sigma} \qquad . \qquad . \qquad (42)$$

where

$$B^{\rho}_{\mu\sigma\tau} = -\frac{\partial}{\partial x_{\tau}}\{\mu\sigma, \rho\} + \frac{\partial}{\partial x_{\sigma}}\{\mu\tau, \rho\} - \{\mu\sigma, \alpha\}\{\alpha\tau, \rho\}$$

$$+ \{\mu\tau, \alpha\}\{\alpha\sigma, \rho\} \quad (43)$$

The essential feature of the result is that on the right side of (42) the A_{ρ} occur alone, without their derivatives. From the tensor character of $A_{\mu\sigma\tau} - A_{\mu\tau\sigma}$ in conjunction with the fact that A_{ρ} is an arbitrary vector, it follows, by reason of § 7, that $B^{\rho}_{\mu\sigma\tau}$ is a tensor (the Riemann-Christoffel tensor).

The mathematical importance of this tensor is as follows : If the continuum is of such a nature that there is a co-ordinate system with reference to which the $g_{\mu\nu}$ are constants, then all the $B^{\rho}_{\mu\sigma\tau}$ vanish. If we choose any new system of co-ordinates in place of the original ones, the $g_{\mu\nu}$ referred thereto will not be constants, but in consequence of its tensor nature, the transformed components of $B^{\rho}_{\mu\sigma\tau}$ will still vanish in the new system. Thus the vanishing of the Riemann tensor is a necessary condition that, by an appropriate choice of the system of reference, the $g_{\mu\nu}$ may be constants. In our problem this corresponds to the case in which,* with a suitable choice of the system of reference, the special theory of relativity holds good for a *finite* region of the continuum.

[21]

Contracting (43) with respect to the indices τ and ρ we obtain the covariant tensor of second rank

---

* The mathematicians have proved that this is also a *sufficient* condition.

$$G_{\mu\nu} = B^{\rho}_{\mu\nu\rho} = R_{\mu\nu} + S_{\mu\nu}$$

where

$$R_{\mu\nu} = -\frac{\partial}{\partial x_a}\{\mu\nu, a\} + \{\mu a, \beta\}\{\nu\beta, a\} \qquad (44)$$

$$S_{\mu\nu} = \frac{\partial^2 \log \sqrt{-g}}{\partial x_\mu \partial x_\nu} - \{\mu\nu, a\}\frac{\partial \log \sqrt{-g}}{\partial x_a}$$

Note on the Choice of Co-ordinates.—It has already been observed in § 8, in connexion with equation (18a), that the choice of co-ordinates may with advantage be made so that $\sqrt{-g} = 1$. A glance at the equations obtained in the last two sections shows that by such a choice the laws of formation of tensors undergo an important simplification. This applies particularly to $G_{\mu\nu}$, the tensor just developed, which plays a fundamental part in the theory to be set forth. For this specialization of the choice of co-ordinates brings about the vanishing of $S_{\mu\nu}$, so that the tensor $G_{\mu\nu}$ reduces to $R_{\mu\nu}$.

On this account I shall hereafter give all relations in the simplified form which this specialization of the choice of co-ordinates brings with it. It will then be an easy matter to revert to the *generally* covariant equations, if this seems desirable in a special case.

C. THEORY OF THE GRAVITATIONAL FIELD

§ 13. Equations of Motion of a Material Point in the Gravitational Field. Expression for the Field-components of Gravitation

A freely movable body not subjected to external forces moves, according to the special theory of relativity, in a straight line and uniformly. This is also the case, according to the general theory of relativity, for a part of four-dimensional space in which the system of co-ordinates K_0, may be, and is, so chosen that they have the special constant values given in (4).

If we consider precisely this movement from any chosen system of co-ordinates K_1, the body, observed from K_1, moves, according to the considerations in § 2, in a gravitational field. The law of motion with respect to K_1 results without diffi-

세상에서 가장 쉬운 과학 수업 일반상대성이론

culty from the following consideration. With respect to K_0 the law of motion corresponds to a four-dimensional straight line, i.e. to a geodetic line. Now since the geodetic line is defined independently of the system of reference, its equations will also be the equation of motion of the material point with respect to K_1. If we set

$$\Gamma^\tau_{\mu\nu} = -\{\mu\nu, \tau\} \qquad . \qquad . \qquad . \qquad (45)$$

the equation of the motion of the point with respect to K_1, becomes

$$\frac{d^2x_\tau}{ds^2} = \Gamma^\tau_{\mu\nu} \frac{dx_\mu}{ds} \frac{dx_\nu}{ds} \qquad . \qquad . \qquad . \qquad (46)$$

We now make the assumption, which readily suggests itself, that this covariant system of equations also defines the motion of the point in the gravitational field in the case when there is no system of reference K_0, with respect to which the special theory of relativity holds good in a finite region. We have all the more justification for this assumption as (46) contains only *first* derivatives of the $g_{\mu\nu}$, between which even in the special case of the existence of K_0, no relations subsist.[*]

If the $\Gamma^\tau_{\mu\nu}$ vanish, then the point moves uniformly in a straight line. These quantities therefore condition the deviation of the motion from uniformity. They are the components of the gravitational field.

§ 14. The Field Equations of Gravitation in the Absence of Matter

We make a distinction hereafter between "gravitational field" and "matter" in this way, that we denote everything but the gravitational field as "matter." Our use of the word therefore includes not only matter in the ordinary sense, but the electromagnetic field as well.

Our next task is to find the field equations of gravitation in the absence of matter. Here we again apply the method

[*] It is only between the second (and first) derivatives that, by § 12, the relations $B^\rho_{\mu\sigma\tau} = 0$ subsist.

employed in the preceding paragraph in formulating the equations of motion of the material point. A special case in which the required equations must in any case be satisfied is that of the special theory of relativity, in which the $g_{\mu\nu}$ have certain constant values. Let this be the case in a certain finite space in relation to a definite system of co-ordinates K_0. Relatively to this system all the components of the Riemann tensor $B_{\mu\sigma\tau}^{\ \rho}$, defined in (43), vanish. For the space under consideration they then vanish, also in any other system of co-ordinates.

Thus the required equations of the matter-free gravitational field must in any case be satisfied if all $B_{\mu\sigma\tau}^{\ \rho}$ vanish. But this condition goes too far. For it is clear that, e.g., the gravitational field generated by a material point in its environment certainly cannot be "transformed away" by any choice of the system of co-ordinates, i.e. it cannot be transformed to the case of constant $g_{\mu\nu}$.

This prompts us to require for the matter-free gravitational field that the symmetrical tensor $G_{\mu\nu}$, derived from the tensor $B_{\mu\rho\tau}^{\ \rho}$, shall vanish. Thus we obtain ten equations for the ten quantities $g_{\mu\nu}$, which are satisfied in the special case of the vanishing of all $B_{\mu\sigma\tau}^{\ \rho}$. With the choice which we have made of a system of co-ordinates, and taking (44) into consideration, the equations for the matter-free field are

$$\left.\begin{array}{c} \dfrac{\partial \Gamma_{\mu\nu}^{\alpha}}{\partial x_{\alpha}} + \Gamma_{\mu\beta}^{\alpha}\Gamma_{\nu\alpha}^{\beta} = 0 \\[2mm] \sqrt{-g} = 1 \end{array}\right\} \qquad . \qquad . \qquad . \quad (47)$$

It must be pointed out that there is only a minimum of arbitrariness in the choice of these equations. For besides $G_{\mu\nu}$ there is no tensor of second rank which is formed from the $g_{\mu\nu}$ and its derivatives, contains no derivations higher than second, and is linear in these derivatives.*

These equations, which proceed, by the method of pure

* Properly speaking, this can be affirmed only of the tensor
$$G_{\mu\nu} + \lambda g_{\mu\nu} g^{\alpha\beta} G_{\alpha\beta},$$
where λ is a constant. If, however, we set this tensor = 0, we come back again to the equations $G_{\mu\nu} = 0$.

세상에서 가장 쉬운 과학 수업 일반상대성이론

mathematics, from the requirement of the general theory of relativity, give us, in combination with the equations of motion (46), to a first approximation Newton's law of attraction, and to a second approximation the explanation of the motion of the perihelion of the planet Mercury discovered by Leverrier (as it remains after corrections for perturbation have been made). These facts must, in my opinion, be taken as a convincing proof of the correctness of the theory.

§ 15. The Hamiltonian Function for the Gravitational Field. Laws of Momentum and Energy

To show that the field equations correspond to the laws of momentum and energy, it is most convenient to write them in the following Hamiltonian form :—

$$\left.\begin{array}{l} \delta \int H d\tau = 0 \\ H = g^{\mu\nu}\, \Gamma^{\alpha}_{\mu\beta}\, \Gamma^{\beta}_{\nu\alpha} \\ \sqrt{-g} = 1 \end{array}\right\} \qquad \cdots \qquad (47a)$$

where, on the boundary of the finite four-dimensional region of integration which we have in view, the variations vanish.

We first have to show that the form (47a) is equivalent to the equations (47). For this purpose we regard H as a function of the $g^{\mu\nu}$ and the $g^{\mu\nu}_{\sigma}$ ($= \partial g^{\mu\nu}/\partial x_{\sigma}$). Then in the first place

$$\delta H = \Gamma^{\alpha}_{\mu\beta}\Gamma^{\beta}_{\nu\alpha}\, \delta g^{\mu\nu} + 2g^{\mu\nu}\Gamma^{\alpha}_{\mu\beta}\, \delta \Gamma^{\beta}_{\nu\alpha}$$

$$= - \Gamma^{\alpha}_{\mu\beta}\Gamma^{\beta}_{\nu\alpha}\, \delta g^{\mu\nu} + 2\Gamma^{\alpha}_{\mu\beta}\, \delta(g^{\mu\nu}\Gamma^{\beta}_{\nu\alpha}).$$

But

$$\delta\left(g^{\mu\nu}\Gamma^{\beta}_{\nu\alpha}\right) = - \tfrac{1}{2}\delta\left[g^{\mu\nu}g^{\beta\lambda}\left(\frac{\partial g_{\nu\lambda}}{\partial x_{\alpha}} + \frac{\partial g_{\alpha\lambda}}{\partial x_{\nu}} - \frac{\partial g_{\alpha\nu}}{\partial x_{\lambda}}\right)\right].$$

[22]

The terms arising from the last two terms in round brackets are of different sign, and result from each other (since the denomination of the summation indices is immaterial) through interchange of the indices μ and β. They cancel each other in the expression for δH, because they are multiplied by the quantity $\Gamma^a_{\mu\beta}$, which is symmetrical with respect to the indices μ and β. Thus there remains only the first term in round brackets to be considered, so that, taking (31) into account, we obtain

$$\delta H = - \Gamma^a_{\mu\beta}\Gamma^\beta_{\nu a}\delta g^{\mu\nu} + \Gamma^a_{\mu\beta}\delta g^{\mu\beta}_a.$$

[23] Thus

$$\left.\begin{aligned} \frac{\partial H}{\partial g^{\mu\nu}} &= - \Gamma^a_{\mu\beta}\Gamma^\beta_{\nu a} \\ \frac{\partial H}{\partial g^{\mu\nu}_\sigma} &= \Gamma^\sigma_{\mu\nu} \end{aligned}\right\} \qquad . \quad . \quad . \quad (48)$$

Carrying out the variation in (47a), we get in the first place

$$\frac{\partial}{\partial x_a}\left(\frac{\partial H}{\partial g^{\mu\nu}_a}\right) - \frac{\partial H}{\partial g^{\mu\nu}} = 0, \quad . \quad . \quad . \quad (47b)$$

which, on account of (48), agrees with (47), as was to be proved.

If we multiply (47b) by $g^{\mu\nu}_\sigma$, then because

$$\frac{\partial g^{\mu\nu}_\sigma}{\partial x_a} = \frac{\partial g^{\mu\nu}_a}{\partial x_\sigma}$$

and, consequently,

$$g^{\mu\nu}_\sigma\frac{\partial}{\partial x_a}\left(\frac{\partial H}{\partial g^{\mu\nu}_a}\right) = \frac{\partial}{\partial x_a}\left(g^{\mu\nu}_\sigma\frac{\partial H}{\partial g^{\mu\nu}_a}\right) - \frac{\partial H}{\partial g^{\mu\nu}_a}\frac{\partial g^{\mu\nu}_a}{\partial x_\sigma},$$

we obtain the equation

$$\frac{\partial}{\partial x_a}\left(g^{\mu\nu}_\sigma\frac{\partial H}{\partial g^{\mu\nu}_a}\right) - \frac{\partial H}{\partial x_\sigma} = 0$$

or *

$$\left.\begin{aligned} \frac{\partial t^a_\sigma}{\partial x_a} &= 0 \\ - 2\kappa t^a_\sigma &= g^{\mu\nu}_\sigma\frac{\partial H}{\partial g^{\mu\nu}_a} - \delta^a_\sigma H \end{aligned}\right\} \qquad . \quad . \quad . \quad (49)$$

where, on account of (48), the second equation of (47), and

[24] (34)

$$\kappa t^a_\sigma = \tfrac{1}{2}\delta^a_\sigma g^{\mu\nu}\Gamma^\lambda_{\mu\beta}\Gamma^\beta_{\nu\lambda} - g^{\mu\nu}\Gamma^a_{\mu\beta}\Gamma^\beta_{\nu\sigma} \quad . \quad . \quad (50)$$

* The reason for the introduction of the factor $- 2\kappa$ will be apparent later.

It is to be noticed that t_σ^a is not a tensor; on the other hand (49) applies to all systems of co-ordinates for which $\sqrt{-g} = 1$. This equation expresses the law of conservation of momentum and of energy for the gravitational field. Actually the integration of this equation over a three-dimensional volume V yields the four equations

$$\frac{d}{dx_4} \int t_\sigma^a dV = \int (lt_\sigma^1 + mt_\sigma^2 + nt_\sigma^3) dS . \qquad . \quad (49a)$$

where l, m, n denote the direction-cosines of direction of the inward drawn normal at the element dS of the bounding surface (in the sense of Euclidean geometry). We recognize in this the expression of the laws of conservation in their usual form. The quantities t_σ^a we call the " energy components " of the gravitational field.

I will now give equations (47) in a third form, which is particularly useful for a vivid grasp of our subject. By multiplication of the field equations (47) by $g^{\nu\sigma}$ these are obtained in the " mixed " form. Note that

$$g^{\nu\sigma}\frac{\partial \Gamma_{\mu\nu}^a}{\partial x_a} = \frac{\partial}{\partial x_a}\left(g^{\nu\sigma}\Gamma_{\mu\nu}^a\right) - \frac{\partial g^{\nu\sigma}}{\partial x_a}\Gamma_{\mu\nu}^a,$$

which quantity, by reason of (34), is equal to

$$\frac{\partial}{\partial x_a}\left(g^{\nu\sigma}\Gamma_{\mu\nu}^a\right) - g^{\nu\beta}\Gamma_{a\beta}^\sigma\Gamma_{\mu\nu}^a - g^{\sigma\beta}\Gamma_{\beta a}^\nu\Gamma_{\mu\nu}^a,$$

or (with different symbols for the summation indices)

$$\frac{\partial}{\partial x_a}\left(g^{\sigma\beta}\Gamma_{\mu\beta}^a\right) - g^{\nu\delta}\Gamma_{\gamma\beta}^\sigma\Gamma_{\delta\mu}^\beta - g^{\nu\sigma}\Gamma_{\mu\beta}^a\Gamma_{\nu a}^\beta.$$

The third term of this expression cancels with the one arising from the second term of the field equations (47); using relation (50), the second term may be written

$$\kappa(t_\mu^\sigma - \tfrac{1}{2}\delta_\mu^\sigma t),$$

where $t = t_a^a$. Thus instead of equations (47) we obtain

$$\left.\begin{array}{c} \dfrac{\partial}{\partial x_a}\left(g^{\sigma\beta}\Gamma_{\mu\beta}^a\right) = -\kappa(t_\mu^\sigma - \tfrac{1}{2}\delta_\mu^\sigma t) \\[2mm] \sqrt{-g} = 1 \end{array}\right\} \quad . \quad . \quad (51)$$

§ 16. The General Form of the Field Equations of Gravitation

The field equations for matter-free space formulated in § 15 are to be compared with the field equation

$$\nabla^2 \phi = 0$$

of Newton's theory. We require the equation corresponding to Poisson's equation

$$\nabla^2 \phi = 4\pi\kappa\rho,$$

where ρ denotes the density of matter.

The special theory of relativity has led to the conclusion that inert mass is nothing more or less than energy, which finds its complete mathematical expression in a symmetrical tensor of second rank, the energy-tensor. Thus in the general theory of relativity we must introduce a corresponding energy-tensor of matter T_σ^a, which, like the energy-components t_σ [equations (49) and (50)] of the gravitational field, will have mixed character, but will pertain to a symmetrical covariant tensor.*

The system of equation (51) shows how this energy-tensor (corresponding to the density ρ in Poisson's equation) is to be introduced into the field equations of gravitation. For if we consider a complete system (e.g. the solar system), the total mass of the system, and therefore its total gravitating action as well, will depend on the total energy of the system, and therefore on the ponderable energy together with the gravitational energy. This will allow itself to be expressed by introducing into (51), in place of the energy-components of the gravitational field alone, the sums $t_\mu^\sigma + T_\mu^\sigma$ of the energy-components of matter and of gravitational field. Thus instead of (51) we obtain the tensor equation

$$\left. \begin{aligned} \frac{\partial}{\partial x_a}(g^{\sigma\beta}T_{\mu\beta}^a) &= -\kappa[(t_\mu^\sigma + T_\mu^\sigma) - \tfrac{1}{2}\delta_\mu^\sigma(t + T)], \\ \sqrt{-g} &= 1 \end{aligned} \right\} \quad . \quad (52)$$

where we have set $T = T_\mu^a$ (Laue's scalar). These are the

* $g_{a\tau}T_\sigma^a = T_{\sigma\tau}$ and $g^{\sigma\beta}T_\sigma^a = T^{a\beta}$ are to be symmetrical tensors.

세상에서 가장 쉬운 과학 수업 일반상대성이론

required general field equations of gravitation in mixed form. Working back from these, we have in place of (47)

$$\frac{\partial}{\partial x_a}\Gamma^a_{\mu\nu} + \Gamma^a_{\mu\beta}\Gamma^\beta_{\nu a} = - \kappa(\mathrm{T}_{\mu\nu} - \tfrac{1}{2}g_{\mu\nu}\mathrm{T}), \Big\}$$
$$\sqrt{-g} = 1 \qquad \qquad (53)$$

It must be admitted that this introduction of the energy-tensor of matter is not justified by the relativity postulate alone. For this reason we have here deduced it from the requirement that the energy of the gravitational field shall act gravitatively in the same way as any other kind of energy. But the strongest reason for the choice of these equations lies in their consequence, that the equations of conservation of momentum and energy, corresponding exactly to equations (49) and (49a), hold good for the components of the total energy. This will be shown in § 17.

§ 17. The Laws of Conservation in the General Case

Equation (52) may readily be transformed so that the second term on the right-hand side vanishes. Contract (52) with respect to the indices μ and σ, and after multiplying the resulting equation by $\tfrac{1}{2}\delta^\sigma_\mu$, subtract it from equation (52). This gives

$$\frac{\partial}{\partial x_a}(g^{\sigma\beta}\Gamma^a_{\mu\beta} - \tfrac{1}{2}\delta^\sigma_\mu g^{\lambda\beta}\Gamma^a_{\lambda\beta}) = - \kappa(t^\sigma_\mu + \mathrm{T}^\sigma_\mu). \qquad (52a)$$

On this equation we perform the operation $\partial/\partial x_\sigma$. We have

$$\frac{\partial^2}{\partial x_a \partial x_\sigma}\Big(g^\sigma \Gamma^a_{\beta\mu}\Big) = - \tfrac{1}{2}\frac{\partial^2}{\partial x_a \partial x_\sigma}\Big[g^{\sigma\beta}g^{a\lambda}\Big(\frac{\partial g_{\mu\lambda}}{\partial x_\beta} + \frac{\partial g_{\beta\lambda}}{\partial x_\mu} - \frac{\partial g_{\mu\beta}}{\partial x_\lambda}\Big)\Big].$$

The first and third terms of the round brackets yield contributions which cancel one another, as may be seen by interchanging, in the contribution of the third term, the summation indices a and σ on the one hand, and β and λ on the other. The second term may be re-modelled by (31), so that we have

$$\frac{\partial^2}{\partial x_a \partial x_\sigma}\Big(g^{\sigma\beta}\Gamma^a_{\mu\beta}\Big) = \tfrac{1}{2}\frac{\partial^3 g^{a\beta}}{\partial x_a \partial x_\beta \partial x_\mu} \qquad . \qquad (54)$$

The second term on the left-hand side of (52a) yields in the first place

$$-\tfrac{1}{4}\frac{\partial^2}{\partial x_\alpha \partial x_\mu}\left(g^{\lambda\beta}\Gamma^\alpha_{\lambda\beta}\right)$$

or

$$\tfrac{1}{4}\frac{\partial^2}{\partial x_\alpha \partial x_\mu}\left[g^{\lambda\beta}g^{\alpha\delta}\left(\frac{\partial g_{\delta\lambda}}{\partial x_\beta}+\frac{\partial g_{\delta\beta}}{\partial x_\lambda}-\frac{\partial g_{\lambda\beta}}{\partial x_\delta}\right)\right].$$

With the choice of co-ordinates which we have made, the term deriving from the last term in round brackets disappears by reason of (29). The other two may be combined, and together, by (31), they give

$$-\tfrac{1}{2}\frac{\partial^3 g^{\alpha\beta}}{\partial x_\alpha \partial x_\beta \partial x_\mu},$$

so that in consideration of (54), we have the identity

$$\frac{\partial^2}{\partial x_\alpha \partial x_\sigma}\left(g^{\rho\beta}\Gamma_{\mu\beta}-\tfrac{1}{2}\delta^\sigma_\mu g^{\lambda\beta}\Gamma^\alpha_{\lambda\beta}\right)\equiv 0 \quad . \quad . \quad (55)$$

From (55) and (52a), it follows that

$$\frac{\partial(t^\sigma_\mu + T^\sigma_\mu)}{\partial x_\sigma}=0. \quad . \quad . \quad . \quad (56)$$

Thus it results from our field equations of gravitation that the laws of conservation of momentum and energy are satisfied. This may be seen most easily from the consideration which leads to equation (49a); except that here, instead of the energy components t^σ of the gravitational field, we have to introduce the totality of the energy components of matter and gravitational field.

§ 18. The Laws of Momentum and Energy for Matter, as a Consequence of the Field Equations

Multiplying (53) by $\partial g^{\mu\nu}/\partial x_\sigma$, we obtain, by the method adopted in § 15, in view of the vanishing of

$$g_{\mu\nu}\frac{\partial g^{\mu\nu}}{\partial x_\sigma},$$

the equation

[26]

$$\frac{\partial t^\alpha_\sigma}{\partial x_\alpha}+\tfrac{1}{2}\frac{\partial g^{\mu\nu}}{\partial x_\sigma}T_{\mu\nu}=0,$$

or, in view of (56),

$$\frac{\partial T_\sigma^\alpha}{\partial x_\alpha} + \tfrac{1}{2}\frac{\partial g^{\mu\nu}}{\partial x_\sigma}T_{\mu\nu} = 0 \quad . \quad . \quad . \quad (57)$$

Comparison with (41b) shows that with the choice of system of co-ordinates which we have made, this equation predicates nothing more or less than the vanishing of divergence of the material energy-tensor. Physically, the occurrence of the second term on the left-hand side shows that laws of conservation of momentum and energy do not apply in the strict sense for matter alone, or else that they apply only when the $g^{\mu\nu}$ are constant, i.e. when the field intensities of gravitation vanish. This second term is an expression for momentum, and for energy, as transferred per unit of volume and time from the gravitational field to matter. This is brought out still more clearly by re-writing (57) in the sense of (41) as

$$\frac{\partial T_\sigma^\alpha}{\partial x_\alpha} = - \Gamma_{\alpha\sigma}^\beta T_\beta^\alpha \quad . \quad . \quad . \quad (57a)$$

The right side expresses the energetic effect of the gravitational field on matter.

Thus the field equations of gravitation contain four conditions which govern the course of material phenomena. They give the equations of material phenomena completely, if the latter is capable of being characterized by four differential equations independent of one another.*

D. MATERIAL PHENOMENA

The mathematical aids developed in part B enable us forthwith to generalize the physical laws of matter (hydrodynamics, Maxwell's electrodynamics), as they are formulated in the special theory of relativity, so that they will fit in with the general theory of relativity. When this is done, the general principle of relativity does not indeed afford us a further limitation of possibilities; but it makes us acquainted with the influence of the gravitational field on all processes,

* On this question cf. H. Hilbert, Nachr. d. K. Gesellsch. d. Wiss. zu Göttingen, Math.-phys. Klasse, 1915, p. 3.

without our having to introduce any new hypothesis what-
ever.

Hence it comes about that it is not necessary to introduce
definite assumptions as to the physical nature of matter (in
the narrower sense). In particular it may remain an open
question whether the theory of the electromagnetic field in
conjunction with that of the gravitational field furnishes a
sufficient basis for the theory of matter or not. The general
postulate of relativity is unable on principle to tell us anything
about this. It must remain to be seen, during the working
out of the theory, whether electromagnetics and the doctrine
of gravitation are able in collaboration to perform what the
former by itself is unable to do.

§ 19. Euler's Equations for a Frictionless Adiabatic Fluid

Let p and ρ be two scalars, the former of which we call
the " pressure," the latter the " density " of a fluid; and let
an equation subsist between them. Let the contravariant
symmetrical tensor

$$T^{\alpha\beta} = - g^{\alpha\beta}p + \rho \frac{dx_\alpha}{ds} \frac{dx_\beta}{ds} \ . \qquad . \qquad . \ (58)$$

be the contravariant energy-tensor of the fluid. To it belongs
the covariant tensor

$$T_{\mu\nu} = - g_{\mu\nu}p + g_{\mu\alpha}g_{\mu\beta} \frac{dx_\alpha}{ds} \frac{dx_\beta}{ds} \rho, \qquad . \qquad (58a)$$

as well as the mixed tensor *

$$T^\alpha_\sigma = - \delta^\alpha_\sigma p + g_{\sigma\beta} \frac{dx_\beta}{ds} \frac{dx_\alpha}{ds} \rho \qquad . \qquad (58b)$$

Inserting the right-hand side of (58b) in (57a), we obtain the
Eulerian hydrodynamical equations of the general theory of
relativity. They give, in theory, a complete solution of the
problem of motion, since the four equations (57a), together

---

* For an observer using a system of reference in the sense of the special
theory of relativity for an infinitely small region, and moving with it, the
density of energy T^4_4 equals $\rho - p$. This gives the definition of ρ. Thus ρ is
not constant for an incompressible fluid.

with the given equation between p and ρ, and the equation

$$g_{\alpha\beta} \frac{dx_\alpha}{ds} \frac{dx_\beta}{ds} = 1,$$

are sufficient, $g_{\alpha\beta}$ being given, to define the six unknowns

$$p, \ \rho, \ \frac{dx_1}{ds}, \ \frac{dx_2}{ds}, \ \frac{dx_3}{ds}, \ \frac{dx_4}{ds}.$$

If the $g_{\mu\nu}$ are also unknown, the equations (53) are brought in. These are eleven equations for defining the ten functions $g_{\mu\nu}$, so that these functions appear over-defined. We must remember, however, that the equations (57a) are already contained in the equations (53), so that the latter represent only seven independent equations. There is good reason for this lack of definition, in that the wide freedom of the choice of co-ordinates causes the problem to remain mathematically undefined to such a degree that three of the functions of space may be chosen at will.*

§ 20. Maxwell's Electromagnetic Field Equations for Free Space

Let ϕ_ν be the components of a covariant vector—the electromagnetic potential vector. From them we form, in accordance with (36), the components $F_{\rho\sigma}$ of the covariant six-vector of the electromagnetic field, in accordance with the system of equations

$$F_{\rho\sigma} = \frac{\partial \phi_\rho}{\partial x_\sigma} - \frac{\partial \phi_\sigma}{\partial x_\rho} \qquad . \qquad . \qquad . \qquad (59)$$

It follows from (59) that the system of equations

$$\frac{\partial F_{\rho\sigma}}{\partial x_\tau} + \frac{\partial F_{\sigma\tau}}{\partial x_\rho} + \frac{\partial F_{\tau\rho}}{\partial x_\sigma} = 0 \qquad . \qquad . \qquad . \qquad (60)$$

is satisfied, its left side being, by (37), an antisymmetrical tensor of the third rank. System (60) thus contains essentially four equations which are written out as follows:—

* On the abandonment of the choice of co-ordinates with $g = -1$, there remain *four* functions of space with liberty of choice, corresponding to the four arbitrary functions at our disposal in the choice of co-ordinates.

$$\left.\begin{array}{l}\dfrac{\partial F_{23}}{\partial x_4} + \dfrac{\partial F_{34}}{\partial x_2} + \dfrac{\partial F_{42}}{\partial x_3} = 0 \\[2mm] \dfrac{\partial F_{34}}{\partial x_1} + \dfrac{\partial F_{41}}{\partial x_3} + \dfrac{\partial F_{13}}{\partial x_4} = 0 \\[2mm] \dfrac{\partial F_{41}}{\partial x_2} + \dfrac{\partial F_{12}}{\partial x_4} + \dfrac{\partial F_{24}}{\partial x_1} = 0 \\[2mm] \dfrac{\partial F_{12}}{\partial x_3} + \dfrac{\partial F_{23}}{\partial x_1} + \dfrac{\partial F_{31}}{\partial x_2} = 0 \end{array}\right\} \qquad (60a)$$

This system corresponds to the second of Maxwell's systems of equations. We recognize this at once by setting

$$\left.\begin{array}{lll} F_{23} = H_x, & F_{14} = E_x \\ F_{31} = H_y, & F_{24} = E_y \\ F_{12} = H_z, & F_{34} = E_z \end{array}\right\} \qquad (61)$$

Then in place of (60a) we may set, in the usual notation of three-dimensional vector analysis,

$$\left.\begin{array}{l} -\dfrac{\partial H}{\partial t} = \text{curl } E \\[2mm] \text{div } H = 0 \end{array}\right\} \qquad (60b)$$

We obtain Maxwell's first system by generalizing the form given by Minkowski. We introduce the contravariant six-vector associated with $F^{\alpha\beta}$

[30]

$$F^{\mu\nu} = g^{\mu\alpha}g^{\nu\beta}F_{\alpha\beta} \qquad \cdot \quad \cdot \quad \cdot \quad (62)$$

and also the contravariant vector J^μ of the density of the electric current. Then, taking (40) into consideration, the following equations will be invariant for any substitution whose invariant is unity (in agreement with the chosen co-ordinates) :—

$$\frac{\partial}{\partial x_\nu} F^{\mu\nu} = J^\mu \qquad \cdot \quad \cdot \quad \cdot \quad (63)$$

Let

$$\left.\begin{array}{lll} F^{23} = H'_x, & F^{14} = -E'_x \\ F^{31} = H'_y, & F^{24} = -E'_y \\ F^{12} = H'_z, & F^{34} = -E'_z \end{array}\right\} \qquad (64)$$

which quantities are equal to the quantities $H_x \ldots E_z$ in the special case of the restricted theory of relativity ; and in addition

$$J^1 = j_x, \ J^2 = j_y, \ J^3 = j_z, \ J^4 = \rho,$$

we obtain in place of (63)

$$\left.\begin{array}{c} \dfrac{\partial E'}{\partial t} + j = \text{curl } H' \\[4pt] \text{div } E' = \rho \end{array}\right\} \qquad . \qquad . \qquad . \quad (63a)$$

The equations (60), (62), and (63) thus form the generalization of Maxwell's field equations for free space, with the convention which we have established with respect to the choice of co-ordinates.

The Energy-components of the Electromagnetic Field.— We form the inner product

$$\kappa_\sigma = F_{\sigma\mu} J^\mu \qquad . \qquad . \qquad . \quad (65)$$

By (61) its components, written in the three-dimensional manner, are

$$\left.\begin{array}{c} \kappa_1 = \rho E_x + [j \cdot H]^x \\[4pt] \cdot \qquad \cdot \qquad \cdot \\[4pt] \kappa_4 = -(jE) \end{array}\right\} \qquad . \qquad . \qquad (65a)$$

κ_σ is a covariant vector the components of which are equal to the negative momentum, or, respectively, the energy, which is transferred from the electric masses to the electromagnetic field per unit of time and volume. If the electric masses are free, that is, under the sole influence of the electromagnetic field, the covariant vector κ_σ will vanish.

To obtain the energy-components T_σ^ν of the electromagnetic field, we need only give to equation $\kappa_\sigma = 0$ the form of equation (57). From (63) and (65) we have in the first place

$$\kappa_\sigma = F_{\sigma\mu} \frac{\partial F^{\mu\nu}}{\partial x_\nu} = \frac{\partial}{\partial x_\nu}(F_{\sigma\mu} F^{\mu\nu}) - F^{\mu\nu}\frac{\partial F_{\sigma\mu}}{\partial x_\nu}.$$

The second term of the right-hand side, by reason of (60), permits the transformation

$$F^{\mu\nu}\frac{\partial F_{\sigma\mu}}{\partial x_\nu} = -\tfrac{1}{2}F^{\mu\nu}\frac{\partial F_{\mu\nu}}{\partial x_\sigma} = -\tfrac{1}{2}g^{\mu\alpha}g^{\nu\beta}F_{\alpha\beta}\frac{\partial F_{\mu\nu}}{\partial x_\sigma},$$

which latter expression may, for reasons of symmetry, also be written in the form

$$-\tfrac{1}{4}\left[g^{\mu\alpha}g^{\nu\beta}F_{\alpha\beta}\frac{\partial F_{\mu\nu}}{\partial x_\sigma} + g^{\mu\alpha}g^{\nu\beta}\frac{\partial F_{\alpha\beta}}{\partial x_\sigma}F_{\mu\nu}\right].$$

But for this we may set

$$-\tfrac{1}{4}\frac{\partial}{\partial x_\sigma}(g^{\mu\alpha}g^{\nu\beta}F_{\alpha\beta}F_{\mu\nu}) + \tfrac{1}{4}F_{\alpha\beta}F_{\mu\nu}\frac{\partial}{\partial x_\sigma}(g^{\mu\alpha}g^{\nu\beta}).$$

The first of these terms is written more briefly

$$-\tfrac{1}{4}\frac{\partial}{\partial x_\sigma}(F^{\mu\nu}F_{\mu\nu});$$

the second, after the differentiation is carried out, and after some reduction, results in

$$-\tfrac{1}{2}F^{\mu\tau}F_{\mu\nu}g^{\nu\rho}\frac{\partial g_{\sigma\tau}}{\partial x_\sigma}.$$

[31]

Taking all three terms together we obtain the relation

$$\kappa_\sigma = \frac{\partial T^\nu_\sigma}{\partial x_\nu} - \tfrac{1}{2}g^{\tau\mu}\frac{\partial g_{\mu\nu}}{\partial x_\sigma}T^\nu_\tau \quad . \qquad . \qquad . \quad (66)$$

where

$$T^\nu_\sigma = -F_{\sigma\alpha}F^{\nu\alpha} + \tfrac{1}{4}\delta^\nu_\sigma F_{\alpha\beta}F^{\alpha\beta}.$$

Equation (66), if κ_σ vanishes, is, on account of (30), equivalent to (57) or (57a) respectively. Therefore the T^ν_σ are the energy-components of the electromagnetic field. With the help of (61) and (64), it is easy to show that these energy-components of the electromagnetic field in the case of the special theory of relativity give the well-known Maxwell-Poynting expressions.

We have now deduced the general laws which are satisfied by the gravitational field and matter, by consistently using a system of co-ordinates for which $\sqrt{-g} = 1$. We have thereby achieved a considerable simplification of formulæ and calculations, without failing to comply with the requirement of general covariance; for we have drawn our equations from generally covariant equations by specializing the system of co-ordinates.

세상에서 가장 쉬운 과학 수업 일반상대성이론

Still the question is not without a formal interest, whether with a correspondingly generalized definition of the energy-components of gravitational field and matter, even without specializing the system of co-ordinates, it is possible to formulate laws of conservation in the form of equation (56), and field equations of gravitation of the same nature as (52) or (52a), in such a manner that on the left we have a divergence (in the ordinary sense), and on the right the sum of the energy-components of matter and gravitation. I have found that in both cases this is actually so. But I do not think that the communication of my somewhat extensive reflexions on this subject would be worth while, because after all they do not give us anything that is materially new.

E

§ 21. Newton's Theory as a First Approximation

As has already been mentioned more than once, the special theory of relativity as a special case of the general theory is·characterized by the $g_{\mu\nu}$ having the constant values (4). From what has already been said, this means complete neglect of the effects of gravitation. We arrive at a closer approximation to reality by considering the case where the $g_{\mu\nu}$ differ from the values of (4) by quantities which are small compared with 1, and neglecting small quantities of second and higher order. (First point of view of approximation.)

It is further to be assumed that in the space-time territory under consideration the $g_{\mu\nu}$ at spatial infinity, with a suitable choice of co-ordinates, tend toward the values (4); i.e. we are considering gravitational fields which may be regarded as generated exclusively by matter in the finite region.

It might be thought that these approximations must lead us to Newton's theory. But to that end we still need to approximate the fundamental equations from a second point of view. We give our attention to the motion of a material point in accordance with the equations (16). In the case of the special theory of relativity the components

$$\frac{dx_1}{ds}, \frac{dx_2}{ds}, \frac{dx_3}{ds}$$

may take on any values. This signifies that any velocity

$$v = \sqrt{\left(\frac{dx_1}{dx_4}\right)^2 + \left(\frac{dx_2}{dx_4}\right)^2 + \left(\frac{dx_3}{dx_4}\right)^2}$$

may occur, which is less than the velocity of light *in vacuo*. If we restrict ourselves to the case which almost exclusively offers itself to our experience, of v being small as compared with the velocity of light, this denotes that the components

$$\frac{dx_1}{ds}, \frac{dx_2}{ds}, \frac{dx_3}{ds}$$

are to be treated as small quantities, while dx_4/ds, to the second order of small quantities, is equal to one. (Second point of view of approximation.)

Now we remark that from the first point of view of approximation the magnitudes $\Gamma_{\mu\nu}^\tau$ are all small magnitudes of at least the first order. A glance at (46) thus shows that in this equation, from the second point of view of approximation, we have to consider only terms for which $\mu = \nu = 4$. Restricting ourselves to terms of lowest order we first obtain in place of (46) the equations

$$\frac{d^2x_\tau}{dt^2} = \Gamma_{44}^\tau$$

where we have set $ds = dx_4 = dt$; or with restriction to terms which from the first point of view of approximation are of first order :—

$$\frac{d^2x_\tau}{dt^2} = [44, \tau] \quad (\tau = 1, 2, 3)$$

$$\frac{d^2x_4}{dt^2} = - [44, 4].$$

If in addition we suppose the gravitational field to be a quasi-static field, by confining ourselves to the case where the motion of the matter generating the gravitational field is but slow (in comparison with the velocity of the propagation of light), we may neglect on the right-hand side differentiations with respect to the time in comparison with those with respect to the space co-ordinates, so that we have

세상에서 가장 쉬운 과학 수업 일반상대성이론

$$\frac{d^2 x_\tau}{dt^2} = -\frac{1}{2}\frac{\partial g_{44}}{\partial x_\tau} \quad (\tau = 1, 2, 3) \quad . \quad . \quad (67)$$

This is the equation of motion of the material point according to Newton's theory, in which $\frac{1}{2}g_{44}$ plays the part of the gravitational potential. What is remarkable in this result is that the component g_{44} of the fundamental tensor alone defines, to a first approximation, the motion of the material point.

We now turn to the field equations (53). Here we have to take into consideration that the energy-tensor of "matter" is almost exclusively defined by the density of matter in the narrower sense, i.e. by the second term of the right-hand side of (58) [or, respectively, (58a) or (58b)]. If we form the approximation in question, all the components vanish with the one exception of $T_{44} = \rho = T$. On the left-hand side of (53) the second term is a small quantity of second order; the first yields, to the approximation in question,

$$\frac{\partial}{\partial x_1}[\mu\nu, 1] + \frac{\partial}{\partial x_2}[\mu\nu, 2] + \frac{\partial}{\partial x_3}[\mu\nu, 3] - \frac{\partial}{\partial x_4}[\mu\nu, 4].$$

For $\mu = \nu = 4$, this gives, with the omission of terms differentiated with respect to time,

$$-\frac{1}{2}\left(\frac{\partial^2 g_{44}}{\partial x_1^2} + \frac{\partial^2 g_{44}}{\partial x_2^2} + \frac{\partial^2 g_{44}}{\partial x_3^2}\right) = -\frac{1}{2}\nabla^2 g_{44}.$$

The last of equations (53) thus yields

$$\nabla^2 g_{44} = \kappa\rho \quad . \quad . \quad . \quad (68)$$

The equations (67) and (68) together are equivalent to Newton's law of gravitation.

By (67) and (68) the expression for the gravitational potential becomes

$$-\frac{\kappa}{8\pi}\int\frac{\rho d\tau}{r} \quad . \quad . \quad . \quad (68a)$$

while Newton's theory, with the unit of time which we have chosen, gives

$$-\frac{K}{c^2}\int\frac{\rho d\tau}{r}$$

in which K denotes the constant 6.7×10^{-8}, usually called the constant of gravitation. By comparison we obtain

$$\kappa = \frac{8\pi K}{c^2} = 1.87 \times 10^{-27} \qquad . \qquad . \quad (69)$$

§ 22. Behaviour of Rods and Clocks in the Static Gravitational Field. Bending of Light-rays. Motion of the Perihelion of a Planetary Orbit

To arrive at Newton's theory as a first approximation we had to calculate only one component, g_{44}, of the ten $g_{\mu\nu}$ of the gravitational field, since this component alone enters into the first approximation, (67), of the equation for the motion of the material point in the gravitational field. From this, however, it is already apparent that other components of the $g_{\mu\nu}$ must differ from the values given in (4) by small quantities of the first order. This is required by the condition $g = -1$.

For a field-producing point mass at the origin of co-ordinates, we obtain, to the first approximation, the radially symmetrical solution

$$\left. \begin{aligned} g_{\rho\sigma} &= -\delta_{\rho\sigma} - a\frac{x_\rho x_\sigma}{r^3} \;(\rho, \sigma = 1, 2, 3) \\ g_{\rho4} &= g_{4\rho} = 0 \qquad (\rho = 1, 2, 3) \\ g_{44} &= 1 - \frac{a}{r} \end{aligned} \right\} \qquad . \quad (70)$$

where $\delta_{\rho\sigma}$ is 1 or 0, respectively, accordingly as $\rho = \sigma$ or $\rho \neq \sigma$, and r is the quantity $+\sqrt{x_1^2 + x_2^2 + x_3^2}$. On account of (68a)

$$a = \frac{\kappa M}{4\pi}, \qquad . \qquad . \qquad . \quad (70a)$$

if M denotes the field-producing mass. It is easy to verify that the field equations (outside the mass) are satisfied to the first order of small quantities.

We now examine the influence exerted by the field of the mass M upon the metrical properties of space. The relation

$$ds^2 = g_{\mu\nu}dx_\mu dx_\nu.$$

always holds between the "locally" (§ 4) measured lengths and times ds on the one hand, and the differences of co-ordinates dx_ν on the other hand.

세상에서 가장 쉬운 과학 수업 일반상대성이론

For a unit-measure of length laid "parallel" to the axis of x, for example, we should have to set $ds^2 = -1$; $dx_2 = dx_3 = dx_4 = 0$. Therefore $-1 = g_{11}dx_1^2$. If, in addition, the unit-measure lies on the axis of x, the first of equations (70) gives

$$g_{11} = -\left(1 + \frac{a}{r}\right).$$

From these two relations it follows that, correct to a first order of small quantities,

$$dx = 1 - \frac{a}{2r} \quad . \qquad . \qquad . \quad (71)$$

The unit measuring-rod thus appears a little shortened in relation to the system of co-ordinates by the presence of the gravitational field, if the rod is laid along a radius.

In an analogous manner we obtain the length of co-ordinates in tangential direction if, for example, we set
$ds^2 = -1$; $dx_1 = dx_3 = dx_4 = 0$; $x_1 = r$, $x_2 = x_3 = 0$.
The result is

$$-1 = g_{22}dx_2^2 = -dx_2^2 \quad . \qquad . \quad (71a)$$

With the tangential position, therefore, the gravitational field of the point of mass has no influence on the length of a rod.

Thus Euclidean geometry does not hold even to a first approximation in the gravitational field, if we wish to take one and the same rod, independently of its place and orientation, as a realization of the same interval; although, to be sure, a glance at (70a) and (69) shows that the deviations to be expected are much too slight to be noticeable in measurements of the earth's surface.

Further, let us examine the rate of a unit clock, which is arranged to be at rest in a static gravitational field. Here we have for a clock period $ds = 1$; $dx_1 = dx_2 = dx_3 = 0$
Therefore

$$1 = g_{44}dx_4^2;$$

$$dx_4 = \frac{1}{\sqrt{g_{44}}} = \frac{1}{\sqrt{(1 + (g_{44} - 1))}} = 1 - \tfrac{1}{2}(g_{44} - 1)$$

or

$$dx_4 = 1 + \frac{\kappa}{8\pi} \int \rho \frac{d\tau}{r} \quad . \quad . \quad . \quad (72)$$

Thus the clock goes more slowly if set up in the neighbourhood of ponderable masses. From this it follows that the spectral lines of light reaching us from the surface of large stars must appear displaced towards the red end of the spectrum.*

We now examine the course of light-rays in the static gravitational field. By the special theory of relativity the velocity of light is given by the equation

$$- dx_1^2 - dx_2 - dx_3^2 + dx_4^2 = 0$$

and therefore by the general theory of relativity by the equation

$$ds^2 = g_{\mu\nu} dx_\mu dx_\nu = 0 \quad . \quad . \quad . \quad (73)$$

If the direction, i.e. the ratio $dx_1 : dx_2 : dx_3$ is given, equation (73) gives the quantities

$$\frac{dx_1}{dx_4}, \frac{dx_2}{dx_4}, \frac{dx_3}{dx_4}$$

and accordingly the velocity

$$\sqrt{\left(\frac{dx_1}{dx_4}\right)^2 + \left(\frac{dx_2}{dx_4}\right)^2 + \left(\frac{dx_3}{dx_4}\right)^2} = \gamma$$

defined in the sense of Euclidean geometry. We easily recognize that the course of the light-rays must be bent with regard to the system of co-ordinates, if the $g_{\mu\nu}$ are not constant. If n is a direction perpendicular to the propagation of light, the Huyghens principle shows that the light-ray, envisaged in the plane (γ, n), has the curvature $- \partial\gamma/\partial n$.

We examine the curvature undergone by a ray of light passing by a mass M at the distance $\triangle$. If we choose the system of co-ordinates in agreement with the accompanying diagram, the total bending of the ray (calculated positively if

[35]

* According to E. Freundlich, spectroscopical observations on fixed stars of certain types indicate the existence of an effect of this kind, but a crucial test of this consequence has not yet been made.

[34]

세상에서 가장 쉬운 과학 수업 일반상대성이론

concave towards the origin) is given in sufficient approximation by

$$B = \int_{-\infty}^{+\infty} \frac{\partial \gamma}{\partial x_1} dx_2,$$

while (73) and (70) give

$$\gamma = \sqrt{\left(-\frac{g_{44}}{g_{22}}\right)} = 1 - \frac{a}{2r}\left(1 + \frac{x_2^2}{r^2}\right).$$

Carrying out the calculation, this gives

$$B = \frac{2a}{\Delta} = \frac{\kappa M}{2\pi\Delta}. \qquad . \qquad . \qquad . \qquad (74)$$

[36]

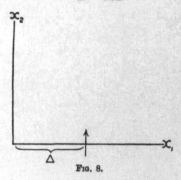

Fig. 8.

According to this, a ray of light going past the sun undergoes a deflexion of 1·7″; and a ray going past the planet Jupiter a deflexion of about ·02″.

If we calculate the gravitational field to a higher degree of approximation, and likewise with corresponding accuracy the orbital motion of a material point of relatively infinitely small mass, we find a deviation of the following kind from the Kepler-Newton laws of planetary motion. The orbital ellipse of a planet undergoes a slow rotation, in the direction of motion, of amount

$$\epsilon = 24\pi^3 \frac{a^2}{T^2 c^2 (1 - e^2)} \qquad . \qquad . \qquad . \qquad (75)$$

per revolution. In this formula a denotes the major semi-axis, c the velocity of light in the usual measurement, e the eccentricity, T the time of revolution in seconds.*

Calculation gives for the planet Mercury a rotation of the orbit of 43″ per century, corresponding exactly to astronomical observation (Leverrier); for the astronomers have discovered in the motion of the perihelion of this planet, after allowing for disturbances by other planets, an inexplicable remainder of this magnitude.

* For the calculation I refer to the original papers: A. Einstein, Sitzungsber. d. Preuss. Akad. d. Wiss., 1915, p. 831; K. Schwarzschild, *ibid.*, 1916, p. 189.

[37]

세상에서 가장 쉬운 과학 수업 일반상대성이론

On the Gravitational Field of a Mass Point according to Einstein's Theory[1]

K. Schwarzschild

§1. In his work on the motion of the perihelion of Mercury (see Sitzungsberichte of November 18, 1915) Mr. Einstein has posed the following problem:

Let a point move according to the prescription:

$$\delta \int ds = 0,$$

where (1)

$$ds = \sqrt{\Sigma g_{\mu\nu} dx_\mu dx_\nu} \quad \mu, \nu = 1, 2, 3, 4,$$

where the $g_{\mu\nu}$ stand for functions of the variables x, and in the variation the variables x must be kept fixed at the beginning and at the end of the path of integration. In short, the point shall move along a geodesic line in the manifold characterised by the line element ds.

The execution of the variation yields the equations of motion of the point:

$$\frac{d^2 x_\alpha}{ds^2} = \sum_{\mu,\nu} \Gamma^\alpha_{\mu\nu} \frac{dx_\mu}{ds} \frac{dx_\nu}{ds}, \quad \alpha, \beta = 1, 2, 3, 4, \tag{2}$$

where[2]

$$\Gamma^\alpha_{\mu\nu} = -\frac{1}{2} \sum_\beta g^{\alpha\beta} \left(\frac{\partial g_{\mu\beta}}{\partial x_\nu} + \frac{\partial g_{\nu\beta}}{\partial x_\mu} - \frac{\partial g_{\mu\nu}}{\partial x_\beta} \right), \tag{3}$$

---

[1] Original title: Über das Gravitationsfeld eines Massenpunktes nach der Einsteinschen Theorie. Published in: Sitzungsberichte der Königlich Preussischen Akademie der Wissenschaften zu Berlin, Phys.-Math. Klasse 1916, 189–196. Submitted January 13, 1916. Translation by S. Antoci, Dipartimento di Fisica "A. Volta," Università di Pavia, and A. Loinger, Dipartimento di Fisica, Università di Milano. The valuable advice of D.-E. Liebscher is gratefully acknowledged.

[2] Editor's note: It should be noted, that Schwarzschild defined the Christoffel symbols with an addition minus sign in comparison with today's usual definition.

and the $g^{\alpha\beta}$ stand for the normalised minors associated to $g_{\alpha\beta}$ in the determinant $|g_{\mu\nu}|$.

According to Einstein's theory, this is the motion of a massless point in the gravitational field of a mass at the point $x_1 = x_2 = x_3 = 0$, if the "components of the gravitational field" Γ fulfill everywhere, with the exception of the point $x_1 = x_2 = x_3 = 0$, the "field equations"

$$\sum_\alpha \frac{\partial \Gamma^\alpha_{\mu\nu}}{\partial x_\alpha} + \sum_{\alpha\beta} \Gamma^\alpha_{\mu\beta}\Gamma^\beta_{\nu\alpha} = 0, \tag{4}$$

and if also the "equation of the determinant"

$$|g_{\mu\nu}| = -1 \tag{5}$$

is satisfied.

The field equations together with the equation of the determinant have the fundamental property that they preserve their form under the substitution of other arbitrary variables in lieu of x_1, x_2, x_3, x_4, as long as the determinant of the substitution is equal to 1.

Let x_1, x_2, x_3 stand for rectangular co-ordinates, x_4 for the time; furthermore, the mass at the origin shall not change with time, and the motion at infinity shall be rectilinear and uniform. Then, according to Mr. Einstein's list, *loc. cit.* p. 833, the following conditions must be fulfilled too:

1. All the components are independent of the time x_4.
2. The equations $g_{\rho 4} = g_{4\rho} = 0$ hold exactly for $\rho = 1, 2, 3$.
3. The solution is spatially symmetric with respect to the origin of the co-ordinate system in the sense that one finds again the same solution when x_1, x_2, x_3 are subjected to an orthogonal transformation (rotation).
4. The $g_{\mu\nu}$ vanish at infinity, with the exception of the following four limit values different from zero:

$$g_{44} = 1, \quad g_{11} = g_{22} = g_{33} = -1.$$

The problem is to find out a line element with coefficients such that the field equations, the equation of the determinant and these four requirements are satisfied.

§2. Mr. Einstein showed that this problem, in first approximation, leads to Newton's law and that the second approximation correctly reproduces the known anomaly in the motion of the perihelion of Mercury. The following calculation yields the exact solution of the problem. It is always pleasant to avail of exact solutions of simple form. More importantly, the calculation proves also the uniqueness of the solution, about which Mr. Einstein's treatment still left doubt, and which could have been proved only with great difficulty, in the way shown below, through such an approximation method. The following lines therefore let Mr. Einstein's result shine with increased clearness.

세상에서 가장 쉬운 과학 수업 일반상대성이론

§3. If one calls t the time, x, y, z the rectangular co-ordinates, the most general line element that satisfies the conditions (1)-(3) is clearly the following:

$$ds^2 = F dt^2 - G(dx^2 + dy^2 + dz^2) - H(x dx + y dy + z dz)^2$$

where F, G, H are functions of $r = \sqrt{x^2 + y^2 + z^2}$.

The condition (4) requires: for $r = \infty : F = G = 1, H = 0$.

When one goes over to polar co-ordinates according to $x = r \sin \vartheta \cos \phi$, $y = r \sin \vartheta \sin \phi, z = r \cos \vartheta$, the same line element reads:

$$ds^2 = F dt^2 - G(dr^2 + r^2 d\vartheta^2 + r^2 \sin^2 \vartheta d\phi^2) - Hr^2 dr^2 \qquad (6)$$

$$= F dt^2 - (G + Hr^2) dr^2 - Gr^2 (d\vartheta^2 + \sin^2 \vartheta d\phi^2).$$

Now the volume element in polar co-ordinates is equal to $r^2 \sin \vartheta \, dr \, d\vartheta \, d\phi$, the functional determinant $r^2 \sin \vartheta$ of the old with respect to the new coordinates is different from 1; then the field equations would not remain in unaltered form if one would calculate with these polar co-ordinates, and one would have to perform a cumbersome transformation. However there is an easy trick to circumvent this difficulty. One puts:

$$x_1 = \frac{r^3}{3}, \quad x_2 = -\cos \vartheta, \quad x_3 = \phi. \qquad (7)$$

Then we have for the volume element: $r^2 dr \sin \vartheta \, d\vartheta \, d\phi = dx_1 dx_2 dx_3$. The new variables are then *polar co-ordinates with the determinant 1*. They have the evident advantages of polar co-ordinates for the treatment of the problem, and at the same time, when one includes also $t = x_4$, the field equations and the determinant equation remain in unaltered form.

In the new polar co-ordinates the line element reads:

$$ds^2 = F dx_4^2 - \left(\frac{G}{r^4} + \frac{H}{r^2} \right) dx_1^2 - Gr^2 \left[\frac{dx_2^2}{1 - x_2^2} + dx_3^2 (1 - x_2^2) \right], \qquad (8)$$

for which we write:

$$ds^2 = f_4 dx_4^2 - f_1 dx_1^2 - f_2 \frac{dx_2^2}{1 - x_2^2} - f_3 dx_3^2 (1 - x_2^2). \qquad (9)$$

Then $f_1, f_2 = f_3, f_4$ are three functions of x_1 which have to fulfill the following conditions[3]:

1. For $x_1 = \infty : f_1 = \frac{1}{r^4} = (3x_1)^{-4/3}, f_2 = f_3 = r^2 = (3x_1)^{2/3}, f_4 = 1$.
2. The equation of the determinant: $f_1 \cdot f_2 \cdot f_3 \cdot f_4 = 1$.
3. The field equations.
4. Continuity of the f, except for $x_1 = 0$.

[3] Editor's note: It should be noted that Schwarzschild had an obvious error in the first of these conditions, which has now been corrected by the translator.

§4. In order to formulate the field equations one must first form the components of the gravitational field corresponding to the line element (9). This happens in the simplest way when one builds the differential equations of the geodesic line by direct execution of the variation, and reads out the components from these. The differential equations of the geodesic line for the line element (9) result from the variation immediately in the form:

$$0 = f_1 \frac{d^2 x_1}{ds^2} + \frac{1}{2} \frac{\partial f_4}{\partial x_1} \left(\frac{dx_4}{ds} \right)^2 + \frac{1}{2} \frac{\partial f_1}{\partial x_1} \left(\frac{dx_1}{ds} \right)^2$$
$$- \frac{1}{2} \frac{\partial f_2}{\partial x_1} \left[\frac{1}{1 - x_2^2} \left(\frac{dx_2}{ds} \right)^2 + \left(1 - x_2^2 \right) \left(\frac{dx_3}{ds} \right)^2 \right],$$

$$0 = \frac{f_2}{1 - x_2^2} \frac{d^2 x_2}{ds^2} + \frac{\partial f_2}{\partial x_1} \frac{1}{1 - x_2^2} \frac{dx_1}{ds} \frac{dx_2}{ds}$$
$$+ \frac{f_2 x_2}{\left(1 - x_2^2 \right)^2} \left(\frac{dx_2}{ds} \right)^2 + f_2 x_2 \left(\frac{dx_3}{ds} \right)^2,$$

$$0 = f_2 \left(1 - x_2^2 \right) \frac{d^2 x_3}{ds^2} + \frac{\partial f_2}{\partial x_1} \left(1 - x_2^2 \right) \frac{dx_1}{ds} \frac{dx_3}{ds} - 2 f_2 x_2 \frac{dx_2}{ds} \frac{dx_3}{ds},$$

$$0 = f_4 \frac{d^2 x_4}{ds^2} + \frac{\partial f_4}{\partial x_1} \frac{dx_1}{ds} \frac{dx_4}{ds}.$$

The comparison with (2) gives the components of the gravitational field:

$$\Gamma_{11}^1 = -\frac{1}{2} \frac{1}{f_1} \frac{\partial f_1}{\partial x_1}, \quad \Gamma_{22}^1 = +\frac{1}{2} \frac{1}{f_1} \frac{\partial f_2}{\partial x_1} \frac{1}{1 - x_2^2},$$

$$\Gamma_{33}^1 = +\frac{1}{2} \frac{1}{f_1} \frac{\partial f_2}{\partial x_1} \left(1 - x_2^2 \right), \quad \Gamma_{44}^1 = -\frac{1}{2} \frac{1}{f_1} \frac{\partial f_4}{\partial x_1},$$

$$\Gamma_{21}^2 = -\frac{1}{2} \frac{1}{f_2} \frac{\partial f_2}{\partial x_1}, \quad \Gamma_{22}^2 = -\frac{x_2}{1 - x_2^2}, \quad \Gamma_{33}^2 = -x_2 \left(1 - x_2^2 \right),$$

$$\Gamma_{31}^3 = -\frac{1}{2} \frac{1}{f_2} \frac{\partial f_2}{\partial x_1}, \quad \Gamma_{32}^3 = +\frac{x_2}{1 - x_2^2},$$

$$\Gamma_{41}^4 = -\frac{1}{2} \frac{1}{f_4} \frac{\partial f_4}{\partial x_1}.$$

세상에서 가장 쉬운 과학 수업 일반상대성이론

Due to the rotational symmetry around the origin it is sufficient to write the field equations only for the equator ($x_2 = 0$); therefore, since they will be differentiated only once, in the previous expressions it is possible to set everywhere since the beginning $1 - x_2^2$ equal to 1. The calculation of the field equations then gives

$$a) \quad \frac{\partial}{\partial x_1}\left(\frac{1}{f_1}\frac{\partial f_1}{\partial x_1}\right) = \frac{1}{2}\left(\frac{1}{f_1}\frac{\partial f_1}{\partial x_1}\right)^2 + \left(\frac{1}{f_2}\frac{\partial f_2}{\partial x_1}\right)^2 + \frac{1}{2}\left(\frac{1}{f_4}\frac{\partial f_4}{\partial x_1}\right)^2,$$

$$b) \quad \frac{\partial}{\partial x_1}\left(\frac{1}{f_1}\frac{\partial f_2}{\partial x_1}\right) = 2 + \frac{1}{f_1 f_2}\left(\frac{\partial f_2}{\partial x_1}\right)^2,$$

$$c) \quad \frac{\partial}{\partial x_1}\left(\frac{1}{f_1}\frac{\partial f_4}{\partial x_1}\right) = \frac{1}{f_1 f_4}\left(\frac{\partial f_4}{\partial x_1}\right)^2.$$

Besides these three equations the functions f_1, f_2, f_4 must fulfill also the equation of the determinant

$$d) \quad f_1 f_2^2 f_4 = 1, \quad \text{or}: \quad \frac{1}{f_1}\frac{\partial f_1}{\partial x_1} + \frac{2}{f_2}\frac{\partial f_2}{\partial x_1} + \frac{1}{f_4}\frac{\partial f_4}{\partial x_1} = 0.$$

For now I neglect (b) and determine the three functions f_1, f_2, f_4 from (a), (c), and (d). (c) can be transposed into the form

$$c') \quad \frac{\partial}{\partial x_1}\left(\frac{1}{f_4}\frac{\partial f_4}{\partial x_1}\right) = \frac{1}{f_1 f_4}\frac{\partial f_1}{\partial x_1}\frac{\partial f_4}{\partial x_1}.$$

This can be directly integrated and gives

$$c'') \quad \frac{1}{f_4}\frac{\partial f_4}{\partial x_1} = \alpha f_1, \quad (\alpha \text{ integration constant})$$

the addition of (a) and (c') gives

$$\frac{\partial}{\partial x_1}\left(\frac{1}{f_1}\frac{\partial f_1}{\partial x_1} + \frac{1}{f_4}\frac{\partial f_4}{\partial x_1}\right) = \left(\frac{1}{f_2}\frac{\partial f_2}{\partial x_1}\right)^2 + \frac{1}{2}\left(\frac{1}{f_1}\frac{\partial f_1}{\partial x_1} + \frac{1}{f_4}\frac{\partial f_4}{\partial x_1}\right)^2.$$

By taking (d) into account it follows

$$-2\frac{\partial}{\partial x_1}\left(\frac{1}{f_2}\frac{\partial f_2}{\partial x_1}\right) = 3\left(\frac{1}{f_2}\frac{\partial f_2}{\partial x_1}\right)^2.$$

By integrating

$$\frac{1}{\frac{1}{f_2}\frac{\partial f_2}{\partial x_1}} = \frac{3}{2}x_1 + \frac{\rho}{2} \quad (\rho \text{ integration constant})$$

or

$$\frac{1}{f_2}\frac{\partial f_2}{\partial x_1} = \frac{2}{3x_1 + \rho}.$$

By integrating once more,

$$f_2 = \lambda(3x_1 + \rho)^{2/3}. \quad (\lambda \text{ integration constant})$$

The condition at infinity requires: $\lambda = 1$. Then

$$f_2 = (3x_1 + \rho)^{2/3}. \tag{10}$$

Hence it results further from (c'') and (d)

$$\frac{\partial f_4}{\partial x_1} = \alpha f_1 f_4 = \frac{\alpha}{f_2^2} = \frac{\alpha}{(3x_1 + \rho)^{4/3}}.$$

By integrating while taking into account the condition at infinity

$$f_4 = 1 - \alpha(3x_1 + \rho)^{-1/3}. \tag{11}$$

Hence from (d)

$$f_1 = \frac{(3x_1 + \rho)^{-4/3}}{1 - \alpha(3x_1 + \rho)^{-1/3}}. \tag{12}$$

As can be easily verified, the equation (b) is automatically fulfilled by the expressions that we found for f_1 and f_2.

Therefore all the conditions are satisfied apart from the *condition of continuity*. f_1 will be discontinuous when

$$1 = \alpha(3x_1 + \rho)^{-1/3}, \quad 3x_1 = \alpha^3 - \rho.$$

In order that this discontinuity coincides with the origin, it must be

$$\rho = \alpha^3. \tag{13}$$

Therefore the condition of continuity relates in this way the two integration constants ρ and α.

The complete solution of our problem reads now:

$$f_1 = \frac{1}{R^4}\frac{1}{1 - \alpha/R}, \quad f_2 = f_3 = R^2, \quad f_4 = 1 - \alpha/R,$$

where the auxiliary quantity

$$R = (3x_1 + \rho)^{1/3} = (r^3 + \alpha^3)^{1/3}$$

has been introduced.

When one introduces these values of the functions f in the expression (9) of the line element and goes back to the usual polar co-ordinates one gets *the line*

세상에서 가장 쉬운 과학 수업 일반상대성이론

element that forms the exact solution of Einstein's problem:

$$ds^2 = (1 - \alpha/R)\,dt^2 - \frac{dR^2}{1 - \alpha/R} - R^2(d\vartheta^2 + \sin^2\vartheta\,d\phi^2), \quad R = (r^3 + \alpha^3)^{1/3}.$$
$$(14)$$

The latter contains only the constant α, that depends on the value of the mass at the origin.

§5. *The uniqueness of the solution* resulted spontaneously through the present calculation. From what follows we can see that it would have been difficult to ascertain the uniqueness from an approximation procedure in the manner of Mr. Einstein. Without the continuity condition it would have resulted:

$$f_1 = \frac{(3x_1 + \rho)^{-4/3}}{1 - \alpha(3x_1 + \rho)^{-1/3}} = \frac{(r^3 + \rho)^{-4/3}}{1 - \alpha(r^3 + \rho)^{-1/3}}.$$

When α and ρ are small, the series expansion up to quantities of second order gives:

$$f_1 = \frac{1}{r^4}\left[1 + \frac{\alpha}{r} - \frac{4}{3}\frac{\rho}{r^3}\right].$$

This expression, together with the corresponding expansions of f_2, f_3, f_4, satisfies up to the same accuracy all the conditions of the problem. Within this approximation the condition of continuity does not introduce anything new, since discontinuities occur spontaneously only in the origin. Then the two constants α and ρ appear to remain arbitrary, hence the problem would be physically undetermined. The exact solution teaches that in reality, by extending the approximations, the discontinuity does not occur at the origin, but at $r = (\alpha^3 - \rho)^{1/3}$, and that one must set just $\rho = \alpha^3$ for the discontinuity to go in the origin. With the approximation in powers of α and ρ one should survey very closely the law of the coefficients in order to recognise the necessity of this link between α and ρ.

§6. Finally, one has still to derive the *motion of a point in the gravitational field*, the geodesic line corresponding to the line element (14). From the three facts, that the line element is homogeneous in the differentials and that its coefficients do not depend on t and on ϕ, with the variation we get immediately three intermediate integrals. If one also restricts himself to the motion in the equatorial plane ($\vartheta = 90^\circ$, $d\vartheta = 0$) these intermediate integrals read:

$$(1 - \alpha/R)\left(\frac{dt}{ds}\right)^2 - \frac{1}{1 - \alpha/R}\left(\frac{dR}{ds}\right)^2 - R^2\left(\frac{d\phi}{ds}\right)^2 = \text{const.} = h, \quad (15)$$

$$R^2\frac{d\phi}{ds} = \text{const.} = c, \quad (16)$$

$$(1 - \alpha/R)\frac{dt}{ds} = \text{const.} = 1 \quad \text{(determination of the time unit).} \tag{17}$$

From here it follows

$$\left(\frac{dR}{d\phi}\right)^2 + R^2(1 - \alpha/R) = \frac{R^4}{c^2}[1 - h(1 - \alpha/R)]$$

or with $1/R = x$

$$\left(\frac{dx}{d\phi}\right)^2 = \frac{1-h}{c^2} + \frac{h\alpha}{c^2}x - x^2 + \alpha x^3. \tag{18}$$

If one introduces the notations: $c^2/h = B$, $(1 - h)/h = 2A$, this is identical to Mr. Einstein's equation (11), *loc. cit.* and gives the observed anomaly of the perihelion of Mercury.

Actually Mr. Einstein's approximation for the orbit goes into the exact solution when one substitutes for r the quantity

$$R = (r^3 + \alpha^3)^{1/3} = r\left(1 + \frac{\alpha^3}{r^3}\right)^{1/3}.$$

Since α/r is nearly equal to twice the square of the velocity of the planet (with the velocity of light as unit), for Mercury the parenthesis differs from 1 only for quantities of the order 10^{-12}. Therefore r is virtually identical to R and Mr. Einstein's approximation is adequate to the strongest requirements of the practice.

Finally, the exact form of the third Kepler's law for circular orbits will be derived. Owing to (16) and (17), when one sets $x = 1/R$, for the angular velocity $n = d\phi/dt$ it holds

$$n = cx^2(1 - \alpha x).$$

For circular orbits both $dx/d\phi$ and $d^2x/d\phi^2$ must vanish. Due to (18) this gives:

$$0 = \frac{1 - h}{c^2} + \frac{h\alpha}{c^2}x - x^2 + \alpha x^3, \quad 0 = \frac{h\alpha}{c^2} - 2x + 3\alpha x^2.$$

The elimination of h from these two equations yields

$$\alpha = 2c^2 x(1 - \alpha x)^2.$$

Hence it follows

$$n^2 = \frac{\alpha}{2}x^3 = \frac{\alpha}{2R^3} = \frac{\alpha}{2(r^3 + \alpha^3)}.$$

The deviation of this formula from the third Kepler's law is totally negligible down to the surface of the Sun. For an ideal mass point, however, it follows that the angular velocity does not, as with Newton's law, grow without limit when the

세상에서 가장 쉬운 과학 수업 일반상대성이론

radius of the orbit gets smaller and smaller, but it approaches a determined limit

$$n_0 = \frac{1}{\alpha\sqrt{2}}.$$

(For a point with the solar mass the limit frequency will be around 10^4 per second). This circumstance could be of interest, if analogous laws would rule the molecular forces.

논문 웹페이지

위대한 논문과의 만남을 마무리하며

이 책은 일반상대성이론을 제창한 아인슈타인의 1916년 논문에 초점을 맞추었습니다. 더불어 이 논문이 나올 수 있게 한 등가원리 논문과 이 논문 이후 등장한 블랙홀 논문에 대한 역사를 살펴보았습니다.

아인슈타인의 일반상대성이론을 이해하려면 리만 기하학이라는 독자들에게 다소 생소한 기하학을 공부해야 합니다. 일반상대성이론은 물리학과 대학원에서나 배울 정도로 수학적, 물리학적으로도 굉장히 어려운 내용입니다. 이 책에서는 기하학의 역사부터 리만 기하학이 탄생하는 배경과 함께 아인슈타인이 10년 넘게 특수상대성이론으로부터 일반상대성이론을 찾아내고자 한 노력을 다루었습니다. 수식은 최대한 피하려고 했지만 5장에서는 아인슈타인의 논문을 자세히 소개하며 수식이 제법 등장합니다.

일반상대성이론을 이해하는 데는 물리학과 2학년 과정의 역학과 수리물리학과 수학과 3학년 과정의 미분기하학 지식이 필요합니다. 하지만 이 책은 고등학교 수준의 수학만 알아도 읽을 수 있도록 내용을 많이 줄였습니다. 수식을 조금 피하더라도 일반상대성이론을 조금이나마 이해하며, 물리를 좋아하는 사람들이 쉽게 따라가도록 친절하게 설명했습니다. 이 책을 통해 독자들은 일반상대성이론과 아인슈타인 방정식의 매력에 푹 빠질 수 있을 것입니다. 수식을 좋아하는 독자는 유튜브 〈Prof W Chung Lectures on general relativity〉를 구독하면 도움이 되리라 생각합니다. 이 강의는 저자가 대학원생을 대상으로 한 학기 동안 수업한 일반상대성이론 노트입니다.

원고를 쓰기 위해 19세기와 20세기 초의 여러 논문을 뒤적거렸습니다. 지금과는 완연히 다른 용어와 기호 때문에 많이 힘들었습니다. 특히 번역이 안 되어 있는 자료들이 많았지만 프랑스 논문에 대해서는 불문과를 졸업한 아내의 도움으로 조금은 이해할 수 있었습니다.

집필을 끝내자마자 다시 핵력에 대한 페르미와 유카와의 오리지널 논문을 공부하며, 시리즈를 계속 이어나갈 생각을 하니 즐거움에 벅차오릅니다. 제가 느끼는 이 기쁨을 독자들이 공유할 수 있기를 바라며 이제 힘들었지만 재미있었던 일반상대성이론에 관한 논문들과의 씨름을 여기서 멈추려고 합니다.

끝으로 용기를 내서 이 시리즈의 출간을 결정한 성림원북스의 이성림 사장과 직원들에게 감사를 드립니다. 시리즈 초안이 나왔을 때, 수식이 많아 출판사들이 꺼릴 것 같다는 생각이 들었습니다. 몇 군데에 출판을 의뢰한 후 거절당하면 블로그에 올릴 생각으로 글을 써 내려갔습니다. 놀랍게도 첫 번째로 이 원고의 이야기를 나눈 성림원북스에서 출간을 결정해 주어서 책이 나올 수 있게 되었습니다. 원고를 쓰는 데 필요한 프랑스 논문의 번역을 도와준 아내에게도 고마움을 전합니다. 그리고 이 책을 쓸 수 있도록 멋진 논문을 만든 고 아인슈타인 박사님에게도 감사를 드립니다.

진주에서 정완상 교수

이 책을 위해 참고한 논문들

1장

[1] L. Euler, Principes de la trigonométrie sphérique tirés de la méthode des plus grands et des plus petits, Mémoires de l'Académie des Sciences de Berlin. 9 (1753); 233-257, 1755.

[2] L. Euler, Eléments de la trigonométrie sphéroïdique tirés de la méthode des plus grands et des plus petits, Mémoires de l'Académie des Sciences de Berlin. 9 (1754); 258-293, 1755.

[3] L. Euler, De curva rectificabili in superficie sphaerica, Novi Commentarii academiae scientiarum Petropolitanae. 15; 195-216, 1771.

[4] L. Euler, De mensura angulorum solidorum, Acta academiae scientiarum imperialis Petropolitinae. 2; 31-54, 1781.

[5] L. Euler, Geometrica et sphaerica quaedam, Mémoires de l'Académie des Sciences de Saint—Pétersbourg. 5; 96-114, 1815.

[6] L. Euler, Trigonometria sphaerica universa, ex primis principiis breviter et dilucide derivata, Acta academiae scientiarum imperialis Petropolitinae. 3; 72-86, 1782.

2장

[1] A. Einstein, Folgerungen aus den Capillaritätserscheinungen, Annalen der Physik. vol. 309. Issue 3. 513—523, 1901.

[2] A. Einstein, "Zur Elektrodynamik bewegter Körper(On the Electrodynamics of Moving Bodies)", Annalen der Physik. 322; 891, 1905.

3장

[1] A. Einstein and M. Grossmann, "Entwurf einer verallgemeinerten Relativitätstheorie und einer Theorie der Gravitation", 225-261, 1913.

[2] A. Einstein, On the influence of gravitation on the propagation of light, Annalen der Physik. 35(898—908): 906, 1911.

4장

[1] A. Einstein and M. Grossmann, "Entwurf einer verallgemeinerten Relativitätstheorie und einer Theorie der Gravitation", 225-261, 1913.

[2] A. Einstein, "Die Feldgleichungen der Gravitation", Sitzungsberichte der Preussischen Akademie der Wissenschaften zu Berlin. 844-847, 1915.

[3] A. Einstein, "The Foundation of the General Theory of Relativity",

세상에서 가장 쉬운 과학 수업 일반상대성이론

Annalen der Physik. 354 (7): 769, 1916.

[4] A. Einstein, "Erklärung der Perihelbewegung des Merkur aus der allgemeinen Relativitätstheorie", Königlich Preuűische Akademie der Wissenschaften (Berlin) Sitzungsberichte. 831–839, 1915.

5장

[1] A. Einstein and M. Grossmann, "Entwurf einer verallgemeinerten Relativitätstheorie und einer Theorie der Gravitation", 225-261, 1913.

[2] A. Einstein, "Die Feldgleichungen der Gravitation", Sitzungsberichte der Preussischen Akademie der Wissenschaften zu Berlin. 844-847, 1915.

[3] A. Einstein, "The Foundation of the General Theory of Relativity", Annalen der Physik. 354 (7): 769, 1916.

[4] A. Einstein, "Erklärung der Perihelbewegung des Merkur aus der allgemeinen Relativitätstheorie", Königlich Preuűische Akademie der Wissenschaften (Berlin) Sitzungsberichte. 831–839, 1915.

6장

[1] A. Einstein, "Die Feldgleichungen der Gravitation", Sitzungsberichte der Preussischen Akademie der Wissenschaften zu Berlin.

844-847, 1915.

[2] K. Schwarzschild, "Über das Gravitationsfeld eines Massenpunktes nach der Einsteinschen Theorie", Sitzungsberichte der Königlich Preussischen Akademie der Wissenschaften. 7: 189-196, 1916.

[3] S. W. Hawking and R. Penrose, "The Singularities of Gravitational Collapse and Cosmology", Proceedings of the Royal Society A. 314 (1519): 529-548, 27 January 1970.

[4] S. W. Hawking, "Black hole explosions?", Nature. 248 (5443): 30-31, March 1974.

세상에서 가장 쉬운 과학 수업 일반상대성이론

수식에 사용하는 그리스 문자

대문자	소문자	읽기	대문자	소문자	읽기
A	α	알파(alpha)	N	ν	뉴(nu)
B	β	베타(beta)	Ξ	ξ	크시(xi)
Γ	γ	감마(gamma)	O	o	오미크론(omicron)
Δ	δ	델타(delta)	Π	π	파이(pi)
E	ε	엡실론(epsilon)	P	ρ	로(rho)
Z	ζ	제타(zeta)	Σ	σ	시그마(sigma)
H	η	에타(eta)	T	τ	타우(tau)
Θ	θ	세타(theta)	Y	υ	입실론(upsilon)
I	ι	요타(iota)	Φ	φ	피(phi)
K	χ	카파(kappa)	X	χ	키(chi)
Λ	λ	람다(lambda)	Ψ	ψ	프시(psi)
M	μ	뮤(mu)	Ω	ω	오메가(omega)

노벨 물리학상 수상자들을 소개합니다

이 책에 언급된 노벨상 수상자는 이름 앞에 ★로 표시하였습니다.

연도	수상자	수상 이유
1901	빌헬름 콘라트 뢴트겐	그의 이름을 딴 놀라운 광선의 발견으로 그가 제공한 특별한 공헌을 인정하여
1902	★헨드릭 안톤 로런츠	복사 현상에 대한 자기의 영향에 대한 연구를 통해 그들이 제공한 탁월한 공헌을 인정하여
	피터르 제이만	
1903	앙투안 앙리 베크렐	자발 방사능 발견으로 그가 제공한 탁월한 공로를 인정하여
	피에르 퀴리	앙리 베크렐 교수가 발견한 방사선 현상에 대한 공동 연구를 통해 그들이 제공한 탁월한 공헌을 인정하여
	마리 퀴리	
1904	존 윌리엄 스트럿 레일리	가장 중요한 기체의 밀도에 대한 조사와 이러한 연구와 관련하여 아르곤을 발견한 공로
1905	필리프 레나르트	음극선에 대한 연구
1906	조지프 존 톰슨	기체에 의한 전기 전도에 대한 이론적이고 실험적인 연구의 큰 장점을 인정하여
1907	앨버트 에이브러햄 마이컬슨	광학 정밀 기기와 그 도움으로 수행된 분광 및 도량형 조사
1908	가브리엘 리프만	간섭 현상을 기반으로 사진적으로 색상을 재현하는 방법
1909	굴리엘모 마르코니	무선 전신 발전에 기여한 공로를 인정받아
	카를 페르디난트 브라운	
1910	요하네스 디데릭 판데르발스	기체와 액체의 상태 방정식에 관한 연구
1911	빌헬름 빈	열복사 법칙에 관한 발견
1912	닐스 구스타프 달렌	등대와 부표를 밝히기 위해 가스 어큐뮬레이터와 함께 사용하기 위한 자동 조절기 발명

세상에서 가장 쉬운 과학 수업 일반상대성이론

1913	헤이커 카메를링 오너스	특히 액체 헬륨 생산으로 이어진 저온에서의 물질 특성에 대한 연구
1914	막스 폰 라우에	결정에 의한 X선 회절 발견
1915	윌리엄 헨리 브래그	X선을 이용한 결정구조 분석에 기여한 공로
	윌리엄 로런스 브래그	
1916	수상자 없음	
1917	찰스 글러버 바클라	원소의 특징적인 뢴트겐 복사 발견
1918	★막스 플랑크	에너지 양자 발견으로 물리학 발전에 기여한 공로 인정
1919	요하네스 슈타르크	커낼선의 도플러 효과와 전기장에서 분광선의 분할 발견
1920	샤를 에두아르 기욤	니켈강 합금의 이상 현상을 발견하여 물리학의 정밀 측정에 기여한 공로를 인정하여
1921	★알베르트 아인슈타인	이론 물리학에 대한 공로, 특히 광전효과 법칙 발견
1922	★닐스 보어	원자 구조와 원자에서 방출되는 방사선 연구에 기여
1923	로버트 앤드루스 밀리컨	전기의 기본 전하와 광전효과에 관한 연구
1924	칼 만네 예오리 시그반	X선 분광학 분야에서의 발견과 연구
1925	제임스 프랑크	전자가 원자에 미치는 영향을 지배하는 법칙 발견
	구스타프 헤르츠	
1926	장 바티스트 페랭	물질의 불연속 구조에 관한 연구, 특히 침전 평형 발견
1927	아서 콤프턴	그의 이름을 딴 효과 발견
	찰스 톰슨 리스 윌슨	수증기 응축을 통해 전하를 띤 입자의 경로를 볼 수 있게 만든 방법
1928	오언 윌런스 리처드슨	열전자 현상에 관한 연구, 특히 그의 이름을 딴 법칙 발견
1929	루이 드브로이	전자의 파동성 발견
1930	찬드라세카라 벵카타 라만	빛의 산란에 관한 연구와 그의 이름을 딴 효과 발견
1931	수상자 없음	

1932	베르너 하이젠베르크	수소의 동소체 형태 발견으로 이어진 양자역학의 창시
1933	에르빈 슈뢰딩거	원자 이론의 새로운 생산적 형태 발견
	폴 디랙	
1934	수상자 없음	
1935	제임스 채드윅	중성자 발견
1936	빅토르 프란츠 헤스	우주 방사선 발견
	칼 데이비드 앤더슨	양전자 발견
1937	클린턴 조지프 데이비슨	결정에 의한 전자의 회절에 대한 실험적 발견
	조지 패짓 톰슨	
1938	엔리코 페르미	중성자 조사에 의해 생성된 새로운 방사성 원소의 존재에 대한 시연 및 이와 관련된 느린중성자에 의한 핵반응 발견
1939	어니스트 로런스	사이클로트론의 발명과 개발, 특히 인공 방사성 원소와 관련하여 얻은 결과
1940	수상자 없음	
1941		
1942		
1943	오토 슈테른	분자선 방법 개발 및 양성자의 자기 모멘트 발견에 기여
1944	이지도어 아이작 라비	원자핵의 자기적 특성을 기록하기 위한 공명 방법
1945	볼프강 파울리	파울리 원리라고도 불리는 배제 원리의 발견
1946	퍼시 윌리엄스 브리지먼	초고압을 발생시키는 장치의 발명과 고압 물리학 분야에서 그가 이룬 발견에 대해
1947	에드워드 빅터 애플턴	대기권 상층부의 물리학 연구, 특히 이른바 애플턴층의 발견
1948	패트릭 메이너드 스튜어트 블래킷	윌슨 구름상자 방법의 개발과 핵물리학 및 우주 방사선 분야에서의 발견
1949	유카와 히데키	핵력에 관한 이론적 연구를 바탕으로 중간자 존재 예측

세상에서 가장 쉬운 과학 수업 일반상대성이론

1950	세실 프랭크 파월	핵 과정을 연구하는 사진 방법의 개발과 이 방법으로 만들어진 중간자에 관한 발견
1951	존 더글러스 콕크로프트	인위적으로 가속된 원자 입자에 의한 원자핵 변환에 대한 선구자적 연구
	어니스트 토머스 신턴 월턴	
1952	펠릭스 블로흐	핵자기 정밀 측정을 위한 새로운 방법 개발 및 이와 관련된 발견
	에드워드 밀스 퍼셀	
1953	프리츠 제르니커	위상차 방법 시연, 특히 위상차 현미경 발명
1954	막스 보른	양자역학의 기초 연구, 특히 파동함수의 통계적 해석
	발터 보테	우연의 일치 방법과 그 방법으로 이루어진 그의 발견
1955	윌리스 유진 램	수소 스펙트럼의 미세 구조에 관한 발견
	폴리카프 쿠시	전자의 자기 모멘트를 정밀하게 측정한 공로
1956	윌리엄 브래드퍼드 쇼클리	반도체 연구 및 트랜지스터 효과 발견
	존 바딘	
	월터 하우저 브래튼	
1957	양전닝	소립자에 관한 중요한 발견으로 이어진 소위 패리티 법칙에 대한 철저한 조사
	리정다오	
1958	파벨 알렉세예비치 체렌코프	체렌코프 효과의 발견과 해석
	일리야 프란크	
	이고리 탐	
1959	에밀리오 지노 세그레	반양성자 발견
	오언 체임벌린	
1960	도널드 아서 글레이저	거품 상자의 발명
1961	로버트 호프스태터	원자핵의 전자 산란에 대한 선구적인 연구와 핵자 구조에 관한 발견
	루돌프 뫼스바워	감마선의 공명 흡수에 관한 연구와 그의 이름을 딴 효과에 대한 발견

1962	레프 다비도비치 란다우	응집 물질, 특히 액체 헬륨에 대한 선구적인 이론
1963	유진 폴 위그너	원자핵 및 소립자 이론에 대한 공헌, 특히 기본 대칭 원리의 발견 및 적용을 통한 공로
	마리아 괴페르트 메이어	핵 껍질 구조에 관한 발견
	한스 옌젠	
1964	니콜라이 바소프	메이저-레이저 원리에 기반한 발진기 및 증폭기의 구성으로 이어진 양자 전자 분야의 기초 작업
	알렉산드르 프로호로프	
	찰스 하드 타운스	
1965	도모나가 신이치로	소립자의 물리학에 심층적인 결과를 가져온 양자전기역학의 근본적인 연구
	줄리언 슈윙거	
	리처드 필립스 파인먼	
1966	알프레드 카스틀레르	원자에서 헤르츠 공명을 연구하기 위한 광학적 방법의 발견 및 개발
1967	한스 알브레히트 베테	핵반응 이론, 특히 별의 에너지 생산에 관한 발견에 기여
1968	루이스 월터 앨버레즈	소립자 물리학에 대한 결정적인 공헌, 특히 수소 기포 챔버 사용 기술 개발과 데이터 분석을 통해 가능해진 다수의 공명 상태 발견
1969	머리 겔만	기본 입자의 분류와 그 상호 작용에 관한 공헌 및 발견
1970	한네스 올로프 예스타 알벤	플라스마 물리학의 다양한 부분에서 유익한 응용을 통해 자기유체역학의 기초 연구 및 발견
	루이 외젠 펠릭스 네엘	고체물리학에서 중요한 응용을 이끈 반강자성 및 강자성에 관한 기초 연구 및 발견
1971	데니스 가보르	홀로그램 방법의 발명 및 개발
1972	존 바딘	일반적으로 BCS 이론이라고 하는 초전도 이론을 공동으로 개발한 공로
	리언 닐 쿠퍼	
	존 로버트 슈리퍼	

1973	에사키 레오나	반도체와 초전도체의 터널링 현상에 관한 실험적 발견
	이바르 예베르	
	브라이언 데이비드 조지프슨	터널 장벽을 통과하는 초전류 특성, 특히 일반적으로 조지프슨 효과로 알려진 현상에 대한 이론적 예측
1974	마틴 라일	전파 천체물리학의 선구적인 연구: 라일은 특히 개구 합성 기술의 관찰과 발명, 그리고 휴이시는 펄서 발견에 결정적인 역할을 함
	앤터니 휴이시	
1975	오게 닐스 보어	원자핵에서 집단 운동과 입자 운동 사이의 연관성 발견과 이 연관성에 기초한 원자핵 구조 이론 개발
	벤 로위 모텔손	
	제임스 레인워터	
1976	버턴 릭터	새로운 종류의 무거운 기본 입자 발견에 대한 선구적인 작업
	새뮤얼 차오 충 팅	
1977	필립 워런 앤더슨	자기 및 무질서 시스템의 전자 구조에 대한 근본적인 이론적 조사
	네빌 프랜시스 모트	
	존 해즈브룩 밴블렉	
1978	표트르 레오니도비치 카피차	저온 물리학 분야의 기본 발명 및 발견
	아노 앨런 펜지어스	우주 마이크로파 배경 복사의 발견
	로버트 우드로 윌슨	
1979	셸던 리 글래쇼	특히 약한 중성 전류의 예측을 포함하여 기본 입자 사이의 통일된 약한 전자기 상호 작용 이론에 대한 공헌
	압두스 살람	
	스티븐 와인버그	
1980	제임스 왓슨 크로닌	중성 K 중간자의 붕괴에서 기본 대칭 원리 위반 발견
	밸 로그즈던 피치	
1981	니콜라스 블룸베르헌	레이저 분광기 개발에 기여
	아서 레너드 숄로	
	카이 만네 뵈리에 시그반	고해상도 전자 분광기 개발에 기여

1982	케네스 게디스 윌슨	상전이와 관련된 임계 현상에 대한 이론
1983	수브라마니안 찬드라세카르	별의 구조와 진화에 중요한 물리적 과정에 대한 이론적 연구
	윌리엄 앨프리드 파울러	우주의 화학 원소 형성에 중요한 핵반응에 대한 이론 및 실험적 연구
1984	카를로 루비아	약한 상호 작용의 커뮤니케이터인 필드 입자 W와 Z의 발견으로 이어진 대규모 프로젝트에 결정적인 기여
	시몬 판데르 메이르	
1985	클라우스 폰 클리칭	양자화된 홀 효과의 발견
1986	에른스트 루스카	전자 광학의 기초 작업과 최초의 전자 현미경 설계
	게르트 비니히	스캐닝 터널링 현미경 설계
	하인리히 로러	
1987	요하네스 게오르크 베드노르츠	세라믹 재료의 초전도성 발견에서 중요한 돌파구
	카를 알렉산더 뮐러	
1988	리언 레더먼	뉴트리노 빔 방법과 뮤온 중성미자 발견을 통한 경입자의 이중 구조 증명
	멜빈 슈워츠	
	잭 스타인버거	
1989	노먼 포스터 램지	분리된 진동 필드 방법의 발명과 수소 메이저 및 기타 원자시계에서의 사용
	한스 게오르크 데멜트	이온 트랩 기술 개발
	볼프강 파울	
1990	제롬 프리드먼	입자 물리학에서 쿼크 모델 개발에 매우 중요한 역할을 한 양성자 및 구속된 중성자에 대한 전자의 심층 비탄성 산란에 관한 선구적인 연구
	헨리 웨이 켄들	
	리처드 테일러	
1991	피에르질 드 젠	간단한 시스템에서 질서 현상을 연구하기 위해 개발된 방법을 보다 복잡한 형태의 물질, 특히 액정과 고분자로 일반화할 수 있음을 발견

세상에서 가장 쉬운 과학 수업 일반상대성이론

1992	조르주 샤르파크	입자 탐지기, 특히 다중 와이어 비례 챔버의 발명 및 개발
1993	러셀 헐스	새로운 유형의 펄서 발견, 중력 연구의 새로운 가능성을 연 발견
	조지프 테일러	
1994	버트럼 브록하우스	중성자 분광기 개발
	클리퍼드 셜	중성자 회절 기술 개발
1995	마틴 펄	타우 렙톤의 발견
	프레더릭 라이너스	중성미자 검출
1996	데이비드 리	헬륨-3의 초유동성 발견
	더글러스 오셔로프	
	로버트 리처드슨	
1997	스티븐 추	레이저 광으로 원자를 냉각하고 가두는 방법 개발
	클로드 코엔타누지	
	윌리엄 필립스	
1998	로버트 로플린	부분적으로 전하를 띤 새로운 형태의 양자 유체 발견
	호르스트 슈퇴르머	
	대니얼 추이	
1999	헤라르뒤스 엇호프트	물리학에서 전기약력 상호작용의 양자 구조 규명
	마르티뉘스 펠트만	
2000	조레스 알표로프	정보 통신 기술에 대한 기초 작업(고속 및 광전자 공학에 사용되는 반도체 이종 구조 개발)
	허버트 크로머	
	잭 킬비	정보 통신 기술에 대한 기초 작업(집적회로 발명에 기여)
2001	에릭 코넬	알칼리 원자의 희석 가스에서 보스-아인슈타인 응축 달성 및 응축 특성에 대한 초기 기초 연구
	칼 위먼	
	볼프강 케테를레	

2002	레이먼드 데이비스	천체물리학, 특히 우주 중성미자 검출에 대한 선구적인 공헌
	고시바 마사토시	
	리카르도 자코니	우주 X선 소스의 발견으로 이어진 천체물리학에 대한 선구적인 공헌
2003	알렉세이 아브리코소프	초전도체 및 초유체 이론에 대한 선구적인 공헌
	비탈리 긴즈부르크	
	앤서니 레깃	
2004	데이비드 그로스	강한 상호작용 이론에서 점근적 자유의 발견
	데이비드 폴리처	
	프랭크 윌첵	
2005	로이 글라우버	광학 일관성의 양자 이론에 기여
	존 홀	광 주파수 콤 기술을 포함한 레이저 기반 정밀 분광기 개발에 기여
	테오도어 헨슈	
2006	존 매더	우주 마이크로파 배경 복사의 흑체 형태와 이방성 발견
	조지 스무트	
2007	알베르 페르	자이언트 자기 저항의 발견
	페터 그륀베르크	
2008	난부 요이치로	아원자 물리학에서 자발적인 대칭 깨짐 메커니즘 발견
	고바야시 마코토	자연계에 적어도 세 종류의 쿼크가 존재함을 예측하는 깨진 대칭의 기원 발견
	마스카와 도시히데	
2009	찰스 가오	광 통신을 위한 섬유의 빛 전송에 관한 획기적인 업적
	윌러드 보일	영상 반도체 회로(CCD 센서)의 발명
	조지 엘우드 스미스	
2010	안드레 가임	2차원 물질 그래핀에 관한 획기적인 실험
	콘스탄틴 노보셀로프	

세상에서 가장 쉬운 과학 수업 일반상대성이론

2011	솔 펄머터	원거리 초신성 관측을 통한 우주 가속 팽창 발견
	브라이언 슈밋	
	애덤 리스	
2012	세르주 아로슈	개별 양자 시스템의 측정 및 조작을 가능하게 하는 획기적인 실험 방법
	데이비드 와인랜드	
2013	프랑수아 앙글레르	아원자 입자의 질량 기원에 대한 이해에 기여하고 최근 CERN의 대형 하드론 충돌기에서 ATLAS 및 CMS 실험을 통해 예측된 기본 입자의 발견을 통해 확인된 메커니즘의 이론적 발견
	피터 힉스	
2014	아카사키 이사무	밝고 에너지 절약형 백색 광원을 가능하게 한 효율적인 청색 발광 다이오드의 발명
	아마노 히로시	
	나카무라 슈지	
2015	가지타 다카아키	중성미자가 질량을 가지고 있음을 보여주는 중성미자 진동 발견
	아서 맥도널드	
2016	데이비드 사울레스	위상학적 상전이와 물질의 위상학적 위상에 대한 이론적 발견
	덩컨 홀데인	
	마이클 코스털리츠	
2017	라이너 바이스	LIGO 탐지기와 중력파 관찰에 결정적인 기여
	★킵 손	
	배리 배리시	
2018	아서 애슈킨	레이저 물리학 분야의 획기적인 발명(광학 핀셋과 생물학적 시스템에 대한 응용)
	제라르 무루	레이저 물리학 분야의 획기적인 발명(고강도 초단파 광 펄스 생성 방법)
	도나 스트리클런드	

2019	제임스 피블스	우주의 진화와 우주에서 지구의 위치에 대한 이해에 기여(물리 우주론의 이론적 발견)
	미셸 마요르	우주의 진화와 우주에서 지구의 위치에 대한 이해에 기여(태양형 항성 주위를 공전하는 외계 행성 발견)
	디디에 쿠엘로	
2020	★로저 펜로즈	블랙홀 형성이 일반 상대성 이론의 확고한 예측이라는 발견
	라인하르트 겐첼	우리 은하의 중심에 있는 초거대 밀도 물체 발견
	앤드리아 게즈	
2021	마나베 슈쿠로	복잡한 시스템에 대한 이해에 획기적인 기여(지구 기후의 물리적 모델링, 가변성을 정량화하고 지구 온난화를 안정적으로 예측)
	클라우스 하셀만	
	조르조 파리시	복잡한 시스템에 대한 이해에 획기적인 기여 (원자에서 행성 규모에 이르는 물리적 시스템의 무질서와 요동의 상호작용 발견)
2022	알랭 아스페	얽힌 광자를 사용한 실험, 벨 불평등 위반 규명 및 양자 정보 과학 개척
	존 클라우저	
	안톤 차일링거	
2023	피에르 아고스티니	물질의 전자 역학 연구를 위해 아토초(100경분의 1초) 빛 펄스를 생성하는 실험 방법 고안
	페렌츠 크러우스	
	안 륄리에	
2024	존 홉필드	인공신경망을 이용해 머신러닝을 가능하게 하는 기초적인 발견과 발명
	제프리 힌턴	